AF821552

Sammlung Göschen

Völkerkunde

von

Dr. Michael Haberlandt

k. u. k. Kustos der ethnographischen Sammlung des naturh. Hofmuseums und Privatdozent an der Universität Wien

2., vermehrte und verbesserte Auflage

Mit 51 Abbildungen

Leipzig

G. J. Göschen'sche Verlagshandlung

1906

Alle Rechte, insbesondere das Übersetzungsrecht
von der Verlagshandlung vorbehalten.

Spamersche Buchdruckerei in Leipzig-R.

Literatur.

Im allgemeinen.

Friedrich Ratzel: Völkerkunde. 2 Bde. 1897.
Oskar Peschel: Völkerkunde. 1897.
Dr. Friedrich Müller: Allgemeine Ethnographie. Wien 1879.
Heinrich Schurtz: Katechismus der Völkerkunde. 1893.
Derselbe: Völkerkunde. 1903.
Th. Waitz und G. Gerland: Anthropologie der Naturvölker. 6 Bde. 1862—72.
G. Gerland: Atlas der Ethnographie. 1893.

Zur Einleitung.

Friedrich Ratzel: Anthropogeographie. 2 Bde. 1892. 1891.
Adolf Bastian: Allgemeine Grundzüge der Ethnologie. 1885.
Derselbe: Die Vorgeschichte der Ethnologie. Berlin 1881.
Wilhelm Schallmayer: Vererbung und Auslese im Lebenslauf der Völker. 1903.

Allgemeine Völkerkunde.

Sir John Lubbock: The origin of civilisation and the primitive condition of man. 5. Aufl. London 1889.
Edward Tylor: Einleitung in das Studium der Anthropologie und Zivilisation. 1883.
Dr. J. R. Mucke: Urgeschichte des Ackerbaus und der Viehzucht. 1898.
Ed. Starcke: Die primitive Familie in ihrer Entstehung und Entwicklung. 1888.
Ernst Große: Die Formen der Familie und die Formen der Wirtschaft. 1896.
Heinrich Schurtz: Urgeschichte der Kultur. 1900.
Derselbe: Altersklassen und Männerbündnisse. 1902.
Ernst Große: Die Anfänge der Kunst. 1894.
Yrjö Hirn: Der Ursprung der Kunst. 1904.
Heinrich Schurtz: Das afrikanische Gewerbe. 1900.
Derselbe: Grundriß einer Entwicklungsgeschichte des Geldes. 1898.
Derselbe: Grundzüge einer Philosophie der Tracht. 1891.
Dr. Moriz Hoernes: Urgeschichte der Menschheit. 1895.
Derselbe: Urgeschichte der Kunst in Europa. 1897.
Richard Andree: Ethnographische Parallelen und Vergleiche. 1878. 1889.
Dr. Fritz Schultze: Psychologie der Naturvölker. 1900.

Beschreibende Völkerkunde.

Emil Schmidt: Vorgeschichte Nordamerikas. 1894.
A. Woldt: Kapitän Jakobsens Reise an der Nordwestküste Amerikas 1881—83. Berlin 1894.

Eduard Seler: Altmexikanische Studien. 1890.
Karl Lumholtz: Unknown Mexiko. 2 Bde. 1903.
Dr. K. Sapper: Das nördliche Mittelamerika. 1897.
E. Stoll: Guatemala. 1886.
E. George Squier: Peru. Leipzig 1883.
J. J. v. Tschudi: Kulturhist. und sprachliche Beiträge zur Kenntnis des alten Peru. Wien 1891.
Karl von den Steinen: Unter den Naturvölkern Zentralbrasiliens. 1894.
Dr. Max Schmidt: Indianerstudien in Zentralbrasilien. 1905.
Paul Ehrenreich: Beiträge zur Völkerkunde Brasiliens. 1891.
Tomas Guevara: Historia de la civilizacion de Araucanía. 3 Bde. 1902.
A. W. Howitt: The native tribes of South-East-Australia. 1904.
Richard Semon: Im australischen Busch. 1896.
Karl Lumholtz: Unter Menschenfressern. Eine vierjährige Reise in Australien. 1892.
W. Spencer and T. Gillen: The native tribes of Central-Australia. 1899.
Otto Finsch: Ethnologische Erfahrungen und Belegstücke aus der Südsee. 1893.
F. S. De Clercq: Ethnogr. Beschr. van de West- en Noordkust van Nederl. Neu-Guinea. 1893.
Otto Finsch: Samoafahrten. 1888.
August Krämer: Die Samoa-Inseln. 1902—03.
R. Parkinson: Im Bismarck-Archipel. 1887.
Joach. Graf Pfeil: Studien und Beobachtungen aus der Südsee. 1899.
Paul und Fritz Sarasin: Reisen in Celebes. 1905.
A. W. Niewenhuis: Quer durch Borneo. 1904.
A. B. Meyer und H. Schadenberg: Die Philippinen. 1890—93.
H. Schlagintweit: Reisen in Indien und Hochasien. 1869—80.
Major L. B. Waddell: Among the Himalayans. 1899.
Dr. R. Martin: Die Inlandstämme der malaiischen Halbinsel. 1905.
Carl Bock: Im Reiche des weißen Elefanten. 1885.
Paul Doumer: L'Indochine française. 1905.
A. H. Exner: China. 1889.
Derselbe: Japan. 1891.
Dr. Kurt Boeck: Durch Indien in das verschlossene Land Nepal. 1903.
Ernst Oppert: Ein verschlossenes Land. Reisen nach Korea. 1880.
H. Vámbery: Die Türken. 1885.
L. Frobenius: Der Ursprung der afrikanischen Kulturen. 1898.
Gustav Fritsch: Die Eingeborenen Südafrikas. 1872.
Oskar Baumann: Durch Massai-Land zur Nilquelle. 1894.
Henry Stanley: Im dunkelsten Afrika. 1890.
Gustav Nachtigall: Sahara und Sudan. 1879—89.
J. F. Cunningham: Uganda and its people. 1905.
J. Ling Roth: Great Benin. 1903.
Viktor Hehn: Kulturpflanzen und Haustiere in ihrem Übergange von Asien nach Europa. 1894.
Otto Schrader: Indogermanisches Reallexikon.

Inhalt.

A) Einleitung.

B) Allgemeine Völkerkunde.

C) Beschreibende Völkerkunde.

Verzeichnis der Abbildungen.

A) Einleitung.

1. Begriff und Aufgabe der Völkerkunde.

Die Völkerkunde lehrt uns die verschiedenen kleinen und großen Gemeinschaften von Menschen kennen, welche über die Erde verteilt wohnen, und berichtet uns über ihre äußere und innere Eigenart. Jeder Mensch gehört durch seine Geburt einem gewissen Verband von Individuen an, der von sehr verschiedener Art und Umfang sein kann, womit aber nicht etwa *staatliche Gebilde*, sondern auf der nationalen Abstammung und Zugehörigkeit fußende Verbände gemeint sind. Wir nennen diese Gemeinschaften im gewöhnlichen Sprachgebrauch, der auch in der Benennung unserer Wissenschaft als „Völkerkunde" hervortritt, Völker. Der Name „*Volk*" wird aber nur sehr uneigentlich jeder solchen Menschengruppe zu geben sein. Was sind Völker? Ihr Begriff im Sinne von Nationen ist ein sehr moderner. Die Selbsterfassung des gleichen Volkstums durch verschiedene verwandte Stämme ist es, welche ein „Volk" macht. Waren beispielsweise die Hellenen ein Volk oder scheinen sie uns nur ein solches? Wir sprechen vom Volk der Römer. Was waren sie? Eine Stadtgemeinde, die sich zum Staat erweiterte.

Die *Völkerkunde* hat es also durchaus nicht bloß mit „Völkern" zu tun. Die meisten primitiven Verbände, mit denen sie sich außer den historischen Völkern beschäftigt, sind Stämme, Horden, Sippen, Familien in vielfältiger Zersplitterung, in den verschiedensten Stufen ihrer Verschmelzung oder Zersetzung — meist in beiden Prozessen zu gleicher Zeit begriffen. Die Angehörigen der meisten Rassen tieferer Ordnung haben es erst zur Bildung von kleineren Vereinigungen gebracht. Die Papuas auf Neu-Guinea haben ihre Dörfer, die allenfalls mit einigen benachbarten Verkehr treiben, darüber hinaus aber keine Gemeinschaft anerkennen. Nicht einmal die Kinder von Nachbardörfern spielen hier miteinander. Auf den Andamanen im Indischen Ozean kennen sich die meisten Stämmchen der kleinen Inseln untereinander nicht. Das gleiche wird von den Waldweddas auf Ceylon oder von den brasilianischen Zentralstämmen berichtet, und diese Verhältnisse sind die bekannteste Reiseschwierigkeit unserer Afrikaforscher.

Die Völkerkunde beschreibt in den mannigfaltigen natürlichen Gruppen, die sie auf der Erde vorfindet, die gegenwärtige Bevölkerung unseres Planeten, wobei sie freilich den Begriff der Gegenwart weit genug nimmt und ihn bis zum Entdeckungszeitalter erstreckt, in welchem die außereuropäische Menschheit erst so recht in den Gesichtskreis der Wissenschaft trat. Im Laufe der Zeit sind zahlreiche kleine und größere Völker auf den Schauplatz der Geschichte getreten und sind wieder verschwunden. Andere Völkerschaften verbergen sich unter geänderten Namen, sind mit Nachbarn oder Eroberern verschmolzen, haben sich gespalten oder haben eines ihrer wichtigsten Merkmale, ihre Sprache, vertauscht. Von ihnen allen berichtet die historische Völkerkunde oder die Paläo-Ethnologie. Vollends stoßen wir jenseits jeder gesicherten Überlieferung fast in allen Erdgebieten auf Zeugnisse des Beisammenwohnens von Menschen, deren Deutung die Vorgeschichte[1]) oder Prähistorie unternimmt.

Die Völkerkunde findet in ihrem Rundgang über die Erde Völker vor, deren Kulturgrad der allerverschiedenste ist. Von den tiefststehenden Völkergestalten, den wilden Wald-

---

[1]) Vgl. Sammlung Göschen Nr. 42: Urgeschichte der Menschheit. Von Dr. M. Hoernes.

weddas auf Ceylon, steigt sie auf bis zu den großen Nationen Europas, die als Träger der höchsten menschlichen Kultur in der Geschichte glänzen. Sie entdeckt dabei unleugbare, sich von selbst aufdrängende Zusammenhänge, die sich auf verschiedene wichtige und durchgreifende Merkmale stützen. Solche Merkmale sind die Körperbeschaffenheit, die Sprache und die Kulturgestalt der Völker. Mit Hilfe der körperlichen Merkmale, vor allem der Schädelform, der Farbe und der Beschaffenheit von Haut und Haar, gelangt sie zu einer anthropologischen Einteilung der Völker, mit Hilfe der Sprache zu ihrer sprachlichen Gliederung, während die Gruppierung der Völker nach der Kulturgestalt eine kulturgeschichtliche Einteilung, wie sie namentlich von den amerikanischen Ethnologen begünstigt wird, darstellt. Eine jede dieser Gliederungsweisen hat ihre Vorzüge und ihre Fehler: sie trennen oft Zusammengehöriges und vereinen Unvereinbares, wie alle künstlichen Einteilungen. Am richtigsten verfährt die beschreibende Völkerkunde, wenn sie sich, wie in der Pflanzen- oder Tiergeographie geschieht, an die Erdräume und deren natürliche Grundgliederungen hält, welchen die Grundgliederung der sie bewohnenden Menschheit überall im wesentlichen entspricht. Innerhalb dieser natürlichen Hauptgruppen wird sie die verwandtschaftlichen und geschichtlichen Zusammenhänge an jedem sich bietenden Leitfaden, es sei der der Sprache oder der Körperbeschaffenheit oder der Kulturgestalt, ohne Bedenken ergreifen dürfen.

2. Geschichtlicher Überblick.

Die Völkerkunde ist eine sehr junge Wissenschaft, wenn freilich Kenntnis und Kunde von fremden Ländern und Völkern zu allen Zeiten und an allen Orten durch friedliche und kriegerische Beziehungen der Völker vermittelt wurden. Es mußte der Blick erst über die ganze bewohnte Erdkugel ausgedehnt werden, was bis in die letzten Jahrzehnte gedauert hat, — ehe uns die beschreibende Völkerkunde von dem mannigfaltigen Völkerleben der Erde und seiner vielstufigen Kulturskala berichten konnte. Im Altertum sind es vor allem die Entdeckungsfahrten der Phönizier, welche wie den geographischen, so den ethnologischen Horizont über die Ländergebiete um das Mittelmeer herum ausdehnten. Die Eroberungszüge der Perser, die Reisen Herodots und vor allem die kühn vordringenden Züge Alexanders des Großen und seiner Feldherren, zu Land und zu Wasser, erweiterten und bereicherten die Völkerkunde des Altertums, so daß Südeuropa, der Nordrand Afrikas und der vordere Orient mit ihrer Bevölkerung als die ethnologische Welt des Altertums angesehen werden können.

Das Mittelalter übernahm wie die übrige Wissenschaft des Altertums, so auch dessen völkerkundliches Wissen in geminderter und verwirrter Gestalt. Allerlei Fabelwesen fremder Völker huschen an dem geographischen Horizont der mittelalterlichen Bildung herum. Einzelne weitgereiste Männer, wie Marco Polo, Mendez Pinto, machen die aufhorchende Welt mit den Völkerwundern des östlichen Asien bekannt, ohne sonderlichen Glauben zu finden.

Da bricht das Entdeckungszeitalter an. In allerlei wundersamen „Zeitungen" vernimmt Europa von den Völkern Indiens und des schwarzen Erdteils, Amerika taucht — durch die unsterbliche Fahrt Colons — wie ein unserem Planeten angehängter neuer Stern aus dem Weltmeer auf — mit fremdem Menschentum, unglaublichen Wundern barbarischer Kultur in Mexiko und Peru, über welche die Berichte in einer Flut von flüchtigen Drucken vom europäischen Publikum staunend verschlungen wurden.

Diese erste Periode der Völkerkunde vollzog sich in wilden Kämpfen um die neuentdeckten Landesgebiete, in blutigen Eroberungen und greuelvollen Verwüstungen. Goldgier und die wilde Jagd nach Handelsgewinsten sind die treibenden Beweggründe der Entdeckungszüge; dem fremden Menschentum steht man nur räuberisch und gewalttätig, außerdem fremd und ohne Verständnis gegenüber. Das ging so weit, daß selbst Raum für Zweifel war, ob die Geschöpfe, die man in den Indianern vor sich hatte, Menschen zu nennen seien, bis eine päpstliche Bulle darüber entschied und sie ein „gente razional" nannte.

Die zweite Periode der Völkerkunde im 18. Jahrhundert erhielt ihre mächtigsten Antriebe durch die Entdeckung einer Inselwelt in der Südsee, durch die Auffindung Australiens, — Entdeckungen, die sich an den Namen J. Cooks und den seiner französischen Rivalen anknüpften. Hand in Hand mit diesen äußerlichen Anlässen ging ein Erwachen des Sinns für fremde Volkszustände überhaupt. Im Überdruß und im Nichtbefriedigtsein mit der eigenen Kultur wandte man sich angesichts des Zusammenbruchs der europäischen Gesellschaftsverhältnisse der kosmopolitischen Betrachtung zu. Rousseaus Anregungen wurden von Forster, Herder und Voltaire aufgenommen.

Zu rechter Zeit tauchten China und Indien, uralte Kulturländer der Fremde, vor den Blicken Europas auf, bis mit dem Kolonisationswerk unseres Jahrhunderts die letzten großen Lücken unserer Erd- und Völkerkenntnisse zu schwinden begannen. Die europäischen Mächte haben in den letzten Jahrzehnten Ernst gemacht mit der Aufteilung der bis dahin herrenlosen Länder der Erde; und so ist vor allem die Völkermenge des schwarzen Erdteils, die Bevölkerung der Südsee und Südasiens in den letzten Jahrzehnten mit vollkommener Deutlichkeit in unseren Gesichtskreis getreten. Noch immer gibt es weiße Flecken auf den Bevölkerungskarten der Erde, aber sie bedeuten nichts oder wenig gegen die unübersehbare Fülle der gesicherten Kenntnisse von den fremden Völkern, gegen die Kultur- und Arbeitsschätze des gesamten Völkerlebens, wie sie in unseren ethnographischen Museen in unübersehbaren Reihen aufgestapelt sind. Sowohl das äußere, wie das innere Leben der Menschheit in allen ihren ethnologischen Schattierungen ist uns heute genügend vertraut, um eine wissenschaftliche Beschreibung der Menschheit liefern zu können.

3. Voraussetzungen der Völkerkunde.

Ehe wir nun versuchen dürfen, einen umfassenden Rundblick über das Völkerleben der Erde zu werfen, müssen wir uns mit einigen Grundsätzen vertraut machen, welche bei der Beurteilung fremder Lebens- und Kulturverhältnisse von Bedeutung sind. Man hat in früherer Zeit die barbarischen Lebenszustände primitiver Völker vielfach als Verfall, als Rückgang aus gesitteteren, höher entwickelten Verhältnissen auffassen zu müssen geglaubt; und wenn auch diese Degenerationstheorie als allgemeines Erklärungsprinzip heutzutage völlig abgetan erscheint, so ist es in manchen Fällen des Völkerlebens in der Tat nicht ganz leicht, zu entscheiden, ob Rückschritt oder mangelhafte Entwicklung, bzw. Stillstand vorliege. Unzweifelhaft hat auf manchen Gebieten eine derartige Verwilderung und Verarmung des Kulturlebens wirklich stattgefunden. Trotzdem ist die durchgreifende Geltung des Entwicklungsprinzips im Völkerleben nicht in Frage zu stellen. Der Grundgedanke desselben ist, daß die Völker unter dem Drucke der äußeren Verhältnisse und im Wettbewerb miteinander sich von tieferen Lebensstufen zu höheren Gesittungszuständen emporarbeiten, und daß wir in den verschiedenen Lebenszuständen, wie wir sie unter den Völkern der Erde antreffen, die verschiedenen Stufen dieses Entwicklungsganges zu erkennen haben: ein sehr einleuchtender Gedanke, der indessen doch näherer Ausführung und einer Einschränkung bedarf. Es läßt sich auch aus der umfassendsten Völkertabelle kein lückenloses Schema aller Entwicklungsstufen der Menschheit zusammenstellen. Überall ist Entwicklung, aber nicht überall gleichmäßige Entwicklung. Wir können wohl eine auffallende Übereinstimmung der ältesten Lebensverhältnisse unserer Kulturvölker mit dem Gesittungszustande mancher lebenden Naturvölker feststellen; die prähistorische Kultur berührt sich aufs engste mit der primitiven Zivilisation; sogar im Dasein der Kulturvölker weist die Volkskunde Spuren und Überreste höchst altertümlicher Zustände nach. Aber damit ist nun nicht schon gesagt, daß auch der Verlauf der einzelnen Volksentwicklung überall derselbe, sozusagen ein schnurgerader gewesen sei. Wir treffen ja gerade die primitiven Völker zumeist in den spätesten Abschnitten ihres individuellen Entwicklungsganges an. Sie haben ihr Wachstum in einem kleinen Kreise früher beendet, als unsere durch eine seltene Aufeinanderfolge günstiger Bedingungen und eine glückliche Vereinigung der Entwicklungskräfte zu langsamer und langer Blüte aufwärts geführten Kulturvölker. Sie sind andererseits in ihrem Wachstum vielleicht verspätet, durch ungünstige Umstände zurückgehalten, wie die Polarvölker und überhaupt die „Randvölker", welche am undankbaren Saume der bewohnten Erdbreiten den mühseligen Vorposten gegen die unendliche menschenleere Öde behaupten. Sie sind auch wohl bereits im langsamen oder schnellen Verfall begriffen, verkümmert, entartet, äußerlich zersprengt und innerlich in ihrer Überlieferung getrübt, wie die Buschmannbevölkerung Afrikas. Welches nun diese Entwicklungskräfte des Völkerlebens seien, deren Walten und Eingreifen in verschiedenster Zahl und Verbindung die wechselnden Formen der Völker- und Kulturgestalt erzeugt, untersuchen wir im nächsten Abschnitt.

4. Die Entwicklungskräfte des Völkerlebens.

a. Allgemeines.

Die Naturwissenschaft lehrt uns die Lebensweise der Organismen als den Ausdruck ihrer Anpassung an die Gesamtheit ihrer Lebensbedingungen auffassen. Zu diesen Lebewesen gehört der Mensch, der vorläufige Sieger in dem heißen Wettrennen der Arten um die Vorherrschaft im Raume.

Je höher entwickelt eine Art, desto zahlreicher sind die Beziehungen, die sie mit der Außenwelt verknüpfen. Im Reiche der pflanzlichen Organismen ist ihre die Lebensformen bedingende Summe eine leichter übersehbare: die Atmosphärilien, der Chemismus des Bodens, die Konkurrenz und die Angriffe seitens der anderen Pflanzen- und gewisser Tiergattungen setzen sie hier zusammen. Ebenso ist die Biologie der meisten Tiergattungen das Produkt einer Reihe von äußeren Kräften, sowie der Anpassung an ihre Ernährungs- und Konkurrenzverhältnisse.

Bei den gesellig lebenden Tieren, einigen Säugern (hauptsächlich Wiederkäuern und kleinen Raubtieren), gewissen Vogelgattungen, den in Gesellschaftsverband lebenden Insektenarten tritt bereits ein Umstand hinzu, der später die menschliche Biologie von Grund aus anders gestaltet, als diejenige der Pflanzen- und Tiergattungen: der Kampf ums Dasein wird nämlich nicht mehr individuell, sondern sozial geführt. Diese gesellige Verbindung der tierischen und der menschlichen Individuen ist die folgenreichste Anpassungserscheinung an den Konkurrenzkampf. Sie ist allmählich zur denkbar allseitigsten Entwicklung und zur denkbar größten Bedeutung für die menschliche Art geworden. Sie hat zur Ausbildung der menschlichen Zivilisation, zur endgültigen Vorherrschaft des Menschen im Wettbewerbe der Organismen geführt.

Wir unterscheiden nun im Entwicklungsgange der Menschen drei verschiedene Reihen von Entwicklungskräften: äußere, innere und soziale. Als äußere fassen wir die physikalischen Lebensbedingungen neben den Ernährungs- und Konkurrenzverhältnissen zusammen; als innere bezeichnen wir die im Artcharakter selbst gegebene körperliche und geistige Mitgift und deren verschiedene Weiterbildung und Steigerung durch die generative Auslese; als soziale fassen wir die aus dem geselligen Zusammenleben stammenden Einflüsse ins Auge, wie es beispielsweise die bloße Kopfzahl der Horde, die Arbeitsteilung, der Besitztausch durch den Verkehr sind.

b. Äußere Entwicklungsfaktoren.

Daß der Mensch — sei es als Individuum, sei es als soziale Gruppe — von seiner Naturumgebung in vieler Beziehung abhängig sei, ist bereits ein Gemeinplatz geworden. Neueren Ursprungs ist hierbei die Einsicht, daß die meisten Wirkungen der Natur auf das Völkerleben sich durch das Mittel der wirtschaftlichen und gesellschaftlichen Verhältnisse vollziehen, welche ihrerseits auf das innigste miteinander verbunden sind. Unter Natureinwirkung verstehen wir hierbei die Einflüsse des Klimas und des Wohnorts der Völker, sowie dessen physischer und lebendiger Ausstattung. Insofern Tier- und Pflanzenwelt selbst von der Breitenlage und dem Klima abhängen, ist der Einfluß dieses allgemeinsten und einförmigsten Umstandes jedenfalls der weitreichendste und tiefgreifendste. Freilich stehen wir hier von Anfang an einer besonderen Schwierigkeit gegenüber. Von wenigen Völkern, vielleicht von keinem läßt sich sagen, daß sie auf ihren ursprünglichen Wohnsitzen verblieben sind. Indessen genügen im Völkerleben verhältnismäßig sehr kurze Zeitabschnitte, um beim Wechsel des Wohnorts die soziale Lebensgestalt — namentlich durch die Wirtschaftsform hindurch — wesentlich um- und neuzugestalten.

Klima.

Deutliche Erkenntnisse von dem Einfluß der Breitenlage und des Klimas auf die menschliche Gesellschaft dürfen wir vor allem in den extremen Fällen, d. h. in den höchsten und den niedersten Breiten, in den Polarländern und im hochtropischen Erdgürtel, zu gewinnen hoffen. Das ganze Leben der hochnordischen Völker erschöpft sich im ungleichen Kampf mit der niedrigen Wärmesumme des Jahres, der dadurch bedingten lebensfeindlichen Witterung und der daraus fließenden Spärlichkeit des organischen Lebens, welches ja doch gänzlich der Träger des menschlichen ist. Der bloße Mangel an brauchbaren Stoffen, die Einförmigkeit der wenigen zur Verfügung stehenden drückt auch der Arbeit der Polarvölker den Charakter der Armut und Armseligkeit auf, der auf das gesellschaftliche und geistige Gebiet lähmend hinüberwirkt. Ähnlich lähmt die Zone der niederen Breiten mit der großen jährlichen Wärmesumme, die sie dem menschlichen Organismus aufnötigt, seine Energie, macht diese aber auch durch die Leichtigkeit des Lebens auf ihren Schauplätzen vielfach überflüssig.

Eine der faßbarsten Einwirkungen klimatischer Art äußert der Wechsel und die regelmäßige Folge der Jahreszeiten im Nomadismus vieler Völker, in welchem wir also vielmehr eine klimatische Konsequenz, als eine solche der Volksart oder eine besondere Kulturstufe erkennen. Der periodische Wechsel von Sommer- und Winterquartieren, einmal veranlaßt durch den Zwang der Witterung und durch die Rücksicht auf die Lebensmöglichkeit, sodann aber auch hervorgerufen durch die Erscheinungen an der Ernährungsgrundlage der Tier- und Pflanzenwelt, ist eine äußerst verbreitete Erscheinung des Völkerlebens. Der Polarländer hängt von der jährlichen Bewegung des Eises zu Land und zur See ab; die jakutischen

Jäger durchstreifen unter dem Zwange des Klimas fortwährend ihre riesigen Jagdgebiete. Die viehzüchtenden Völker, von den Renntier-Orotschonen bis zu den Älplern unserer Heimat, sind typische Nomaden.

Wie sehr der den Acker bebauende Teil der Menschheit vom klimatischen Gange des Jahres abhängt, bedarf keiner Auseinandersetzung. Der typische Fall der Befruchtung Ägyptens durch den anschwellenden und austretenden Nil, der mit solch strenger Regelmäßigkeit seit Jahrtausenden einhergeht, wiederholt sich in seinen wesentlichen Zügen eigentlich in der Wirtschaft vieler primitiver Völker, in den afrikanischen Niederungen wie im vorderen Orient. Unmittelbar auf die Erleichterung oder Behinderung des Verkehrs wirkt auch der Wechsel der Jahreszeit bei vielen Inselbewohnern, wo herrschende Windrichtungen den primitiven Fahrzeugen ihren Kurs vorschreiben.

Wohnort.

Neben dem Klima ist der Wohnort eines Volkes die Hälfte seines Schicksals. Allgemeine und besondere Folgen für die Kulturgestalt der Völker sind mit ihren Wohnplätzen unabwendbar über sie verhängt. Solche allgemeine Verhängnisse der Wohnplätze sind ihre kontinentale oder insulare Lage, Nähe oder Weite des Meeres, Nähe oder Ferne zu einer, zu vielen Küsten. Dabei kommen überall die mannigfaltigen Gestaltungen des Bodens selbst in Betracht, sein Reichtum an nährendem und fahrbarem Wasser oder der Mangel daran; die Besetzung des Geländes durch Berg und Fels; sein Reichtum an fettem Humus oder dürrem Sand und Kies, im Gefolge davon die Bedeckung durch Waldesdickicht oder die offene Lage des Striches; mittelbar auch die Vegetationsverhältnisse und die Fauna, die der Platz hervorbringt und nährt; endlich die mineralischen Werte, die er birgt.

In dem so bestimmten natürlichen Boden haben wir gleichzeitig immer auch den historischen Boden zu sehen. Hierher gehören die durch die Lage desselben gegebenen Berührungen mit anderen Völkern, durch welche das Völkerleben vielfach nicht minder stark und ergiebig beeinflußt wird, als durch die Verhältnisse des natürlichen Bodens.

Pflanzenreich.

Die unmittelbarsten Lebensbeziehungen zum Bewohner der Landschaft hat das Pflanzenreich. In diesem bewegt sich der Mensch überall wie in seinem Eigentum und seinem Lebensvorrat. Die Pflanzenwelt, wie sie als Urwald oder lichter Hain, als Steppe, Buschwildnis, Tundre oder Campo auftritt, steht zum geselliglebenden Menschen in mehrfacher Beziehung. Sie begünstigt oder behindert seine Wanderungen im Hochforst oder dichten tropischen Urwald und gestattet den Verkehr nur auf den Flußläufen, die das Waldgebiet durchziehen; wie im Urwaldgebiet Borneos oder im Stromnetz des Amazonas. Sie bringt Völkerbewegungen an Waldmauern wie an einer Wand zum Stillstand, wofür die Völkerschiebungen um den großen zentralafrikanischen Urwald Stanleys, die Verbreitung und das Vordringen der Tamil auf Ceylon und die oft besprochene Hemmung des Vormarsches der Römer durch die Geschlossenheit des altdeutschen Waldgebietes deutliche Zeugnisse sind.

Sodann gewährt die Vegetation in ihren Massenformen wie dem Wild des Waldes oder dem Vogel der Luft, so auch dem primitiven Menschen das natürliche Nachtquartier. Der wilde Waldwedda nächtigt, wo ihn die Dämmerung überfällt, im Walde, unter einem Baum, dem ältesten und jüngsten Herbergvater des obdachlosen Menschen. Ganz so hält es der schweifende Australneger. Der Buschmann macht sich allabendlich sorglos sein Nest zurecht, indem er sich in den

Busch verkriecht, und das Lager der Feuerländer fand Darwin nicht viel anders oder besser als das eines Hasen. Der Wald ist das große Wohnhaus vieler Völker, das sie niemals oder nur manchmal, zu Beute- und Jagdzügen in die offene Landschaft, verlassen, wie die Indianerstämme des nördlichen Nordamerika. Im Walde versteckt werden die Dörfer der Papuas von Neu-Guinea sowie zahlreicher malaiischer Stämme angelegt, und selbst in Kulturländern lehnen sich die Dörfer in waldreichen Gegenden fast stets an die Wälder an.

Endlich fristet die Pflanzenwelt dem Menschen das Leben. Sie nährt ihn, auch ohne ihn sonderlich zu bemühen, und besser für seinen Fleiß; sie kleidet und schmückt ihn; sie hilft ihm sein Haus zimmern und das Dach darüber breiten. Sie unterhält seinen mächtigsten Schützer und Gehilfen, das Feuer; sie bereichert ihn mit ihren üppigsten Erzeugnissen, verleiht ihm damit Macht und Gewalt nach eigenen Gesetzen und redet zum ideenbildenden Geist mit hundert Geisterzungen.

Die Tierwelt.

Die Tierwelt ist für den gesellig lebenden Menschen in verschiedenster Art eine wichtige Nahrungsquelle seit jeher gewesen. Unsere ältesten Zeugnisse von der Anwesenheit des Menschen auf der Erde sind die Überreste seiner Jagdbeute. Das Kulturrüstzeug des Diluvialmenschen ist fast ausschließlich aus tierischen Stoffen hergestellt. Durch das bloße Aufsammeln kleineren Getiers bei den primitivsten Stämmen, durch rohe J a g d und kunstlosen F i s c h f a n g, durch die Angewöhnung gesellig lebender Tiere an den menschlichen Haushalt, die sich bei einer Reihe von Völkern — den Kaffern, den ostafrikanischen Hirtenstämmen, gewissen Polarvölkern — zu wirklicher Viehzucht ausbildet, bestreitet die menschliche Gesellschaft das Bedürfnis organischen Stoffes, sofern dasselbe nicht durch vegetabilische Kost befriedigt wird.

Im Fortschreiten von einer dieser Nährstufen zur anderen war einerseits die wachsende Sicherheit des Lebensunterhaltes, andererseits die Möglichkeit eines größeren Anwachsens der Volksziffer mitgegeben. Das einfache Einsammeln tierischer Nahrung bindet, wie die Jagd, ohne zu seßhaftem Leben zu führen, doch an einen bestimmten Lebensbezirk: Völkern auf dieser Lebensstufe sind keine weitreichenden Wanderungen möglich. Diese Gebundenheit bei schwankender Unsicherheit des Lebensunterhalts drückt den betreffenden Völkern, Feuerländern, Australnegern, Andamanesen, das Gepräge der tiefsten Stellung auf. Völkern, die vom Fischfang leben, ist ein großes Maß der Freizügigkeit gestattet. Sie können mit den Wasserläufen landeinwärts sich bewegen; in der Binnenlage folgen sie dem Stromsystem und können sich über weite Gebiete verbreiten, wobei sie von selbst zu höherer Entwicklung der Jagd gelangen werden.

Am günstigsten sind wirtschaftlich die viehzüchtenden Völker gestellt; sie genießen eine relative Sicherheit des Proviants, sie verbreiten sich durch die Wanderungen, die ihnen ihrer Herden wegen zur notwendigen Gewohnheit werden. Daher die ausgebildete soziale Organisation der Hirtenvölker, ihre größere politische Kraft, ihre höhere ökonomische Stellung und damit ihre intellektuelle Verfeinerung. Der Mangel an zähmbaren Tieren auf der westlichen Halbkugel ist gewiß mit Recht für die so ungleiche Entwicklung der beiderseitigen Kulturen mitverantwortlich gemacht worden.

Im Anschluß an die Benützung des tierischen Fleisches spielt auch die Verwendung anderer tierischer Substanzen im Völkerleben eine bedeutsame Rolle. Die Verwendung der Milch ist eine Errungenschaft, die den Hirtenvölkern für die Aufzucht ihres Nachwuchses jedenfalls von größter Bedeutung geworden ist. Mit den anderen tierischen Produkten, Fellen, Leder, fanden, zumal in kälteren Breiten, dringende Lebensbedürfnisse anderer Art ihre Befriedigung; so das Bedürfnis der Bekleidung, als dessen Erweiterung das der Behausung (Lederzelte der Lappländer, Fellhütten der Patagonier) gelten kann, und für alle Zonen das Bedürfnis des Schmuckes, wozu das Jagdtier seinen schönen Pelz, die Vogelwelt das bunte, schillernde Gefieder, sogar Fisch und Schlange die wechselnd gezeichnete Haut leihen müssen.

Das Tier wird dem geselligen Menschen, auch abgesehen von der Magenfrage, mehrfach von Wichtigkeit: als Haus- und Arbeitsgenosse, als Diener und Gefährte, ohne dessen Mitwirkung sein Dasein unter manchen Verhältnissen undenkbar wäre. Wir erinnern uns hier zunächst an den Hund, der in hohen Breiten dem Menschen als Zugtier ganz unentbehrlich, den Hirtenvölkern als Wächter ihrer Herden von größtem Nutzen, den Jägern auf späteren Stufen der Zähmung ein wichtiger Gehilfe geworden ist. Das Renntier und Lama als Zug- und Tragtier, unter fortgeschritteneren Völkern das Rind als Pflüger, das Pferd, der Esel, das Kamel in mannigfacher Verwendung sind weitere Beispiele des Eingreifens der Tierwelt in die Verhältnisse der menschlichen Gesellschaft.

Die mineralischen Werte.

In anscheinend zufälliger Weise sind jene unorganischen Dinge, denen im Völkerleben wegen ihrer wirklichen oder eingebildeten Eigenschaften eine ganz besondere Schätzung entgegengebracht worden ist, über die Wohnplätze der Völker verstreut. Das Salz, die Erdfarben, die Tonerden, das Lavaglas, besonders qualifizierte Gesteinsarten, wie der Grünstein oder die Hornblende, einige Edelsteine, endlich und vor allem die Metalle und Erze und zwar die wertvollsten: Kupfer, Zinn und Eisen, sowie vereinzelt vorkommend die Edelmetalle Silber und Gold — das ist ungefähr die Liste jener Bodenvorkommnisse, welche an verschiedenen Punkten dieser Erde auf die anwohnenden Völker und oft darüber hinaus durch den weitausgreifenden Handel im kulturellen Sinne eingewirkt haben.

Ihr nächster und erster Einfluß äußert sich auf die Kunstfertigkeiten, die der gesellige Mensch zur Befriedigung seiner Bedürfnisse, zur Verteidigung seiner Person und in der Verkörperung seiner Phantasievorstellungen übt. Dieselben hängen mit dem Werkzeug und dieses mit dem Besitz tauglicher Materialien zusammen. Wie dem holzarmen Eskimo ein Stückchen Treibholz, das er für Bogen oder Harpune verwenden kann, von höchstem Wert scheint, so ist in manchen Landschaften der Besitz geeigneten Steinmaterials für Waffen und Werkzeug ein bedeutsames Wertstück, zugleich häufig Gegenstand des Streites unter Nachbarvölkern. Die Erdfarben zur Hautbemalung und zum Gerätschmuck, die Tonerden, aus denen sich Topf und Krug formen lassen, haben für primitive Zustände dieselbe Bedeutung, wie ein Kohlenlager oder einige ergiebige Minen für die heutigen Verhältnisse: Industrie und Handel nähren sich von ihnen. Das Salz, unentbehrliche Nahrung und Luxus zu gleicher Zeit, bereichert als meistgeschätzter Tauschwert alle Völker im Gebiete seiner Gewinnung und belebt seit tiefprähistorischen Zeiten den Handelsverkehr. Daß das natürliche Vorkommen von Feuerstein, welcher sich fast von selbst als Messer und Pfeilspitze, als Schaber oder Dolchklinge dem Finder überliefert, eine wichtige Mitgift für einen Volksschauplatz bedeutet, lehren Vorgeschichte und Völkerkunde um die Wette. Und daß die Metalle, ursprünglich ein schmückender Tand, im besten Falle ein formbarer Stein wie anderes Gestein, allmählich durch die Schmelzkunst zur entscheidenden Wendung in der Kulturentwicklung der Menschheit führen, das geschichtliche Leben des Menschengeschlechtes vorbereiten und begründen, ist nur ein ähnlicher Fall, aber von blendender Deutlichkeit.

Die mineralischen Werte haben dort, wo sie waren und wo sie nicht waren, gleich bedeutungsvoll gewirkt: technologisch durch ihre Anwesenheit und kommerziell durch ihren Mangel. Wir sind fast geneigt, die letztere Wirkung auf den Handel für die bedeutungsvollere zu halten. Denn mit ihm ging stets ein vielfältiger Kulturaustausch Hand in Hand, der wichtiger war als sein Anlaß. Auf den hohen Inseln der Südsee hat man Steinbeile, passendes Material stets zur Verfügung; auf den niederen Koralleninseln, beispielsweise der Karolinengruppe, hat man Muschelbeile, die denselben Dienst tun und den Mangel an Steinen unfühlbar machen. Aber Stämme, die weder Stein- noch Muschelmaterial zur Verfügung haben, müssen einführen; aus der Not wird vielfach ein Vorzug, indem die Abschließung, mit der sich jeder Stamm ursprünglich umgibt, durchbrochen und der Segen des Verkehrs erkannt wird.

c. Innere Entwicklungskräfte.

Körperliche und geistige Kräfte sind der Einsatz der Völker im Spiel des Lebens: die *biologische Volkskonstitution*. Sie haben von der ersteren Art ihre Körperkräfte, ihre Geschicklichkeiten, ihre Lebensfähigkeit einzusetzen; sie haben von ihren geistigen Vermögen als elementarsten Besitz ihre Sinnesschärfe, ihre intellektuelle Fähigkeit an der Arbeit, wozu ihre verschieden abgestufte Fügsamkeit in die Naturanleitung kommt. Ihr mannigfaltig gestaltetes Triebleben ist stark im Spiel; der Besitz und die Wirksamkeit von Individualität greift ein; die Sprache als Verständigungsmittel, das sehr Ungleiches leistet, hilft mit.

Es ist die stillschweigende und bequeme Voraussetzung der älteren Völkerkunde, daß das *körperliche und geistige*

Betriebskapital der Völker überall das gleiche sei. Höchstens für die „Kümmerformen" der Völker, wie die afrikanischen Zwergvölker, die Weddas usw., macht man eine Ausnahme. Diese Ansicht schiebt die Verschiedenheiten der Völkerentwicklung bloß den äußeren Verhältnissen, die wir soeben besprochen, zur Last. Es ist aber klar, daß die natürliche, geschlechtliche und soziale Auslese seit jeher in stärkstem Maße diese innere Mitgift der Gruppen, die wir als ihre Erbwerte im Gegensatz zu den Traditionswerten der Kultur bezeichnen können, in verschiedenster Art differenziert hat und noch immer weiter differenziert. Der Scheidung in Natur- und Kulturvölker, welche sich in der Völkerkunde, eigentlich ohne auf einen festen und klaren Sinn Anspruch machen zu können, eingebürgert hat, liegt wohl ein dunkler Begriff des Gegensatzes von Erbwerten und Traditionswerten und ihrer jeweiligen Wichtigkeit für das ethnische Dasein zugrunde. Wenn nämlich die Traditionswerte, wie Wilhelm Schallmayer ausführt, eine derartige Höhe erreichen, daß ein Volk, das in ihrem Besitz lebt, nicht mehr in aller Strenge der natürlichen Auslese unterliegt, so ist vielleicht ein Entwicklungsmarkstein gesetzt, welcher als Grenze zwischen Natur- und Kulturdasein aufgefaßt werden kann. Ersteres ist durch die große Trägheit und Unstetheit des Primitivmenschen, durch seine der flüchtigen Stunde hingegebene Launenhaftigkeit und stumpfe Sorglosigkeit charakterisiert, von der sich erst allmählich in langsamer Schulung und Zucht ein Fortschritt zur Arbeitsamkeit, Konsequenz, Voraussicht und Selbstbeherrschung einstellt, wie er im Kulturdasein erforderlich scheint.

d. Die sozialen Entwicklungskräfte.

Die Natur und die innere Mitgift wirken auf die Völkerschicksale ein. Aber auch die Gesellschaft selbst ist ein äußerst einflußreicher Umstand für sich selbst. Die bloße Zahl der vergesellschafteten Individuen ist beispielsweise ein solcher. Die Macht der Vergesellschaftung befähigte den Menschen ganz allein, über sein ursprüngliches Wohngebiet hinaus in alle Breitengürtel dieser Erde vorzudringen und der feindlichen Natur hier seine Existenzmöglichkeit abzuringen. In abgeschlossenen, von der Natur stiefmütterlich bedachten Gebieten konnten geschichtlich bedeutende Völker nicht entstehen. Die Leistung jedes einzelnen bleibt unfruchtbar, wenn sie nicht von folgenden Geschlechtern aufgenommen und von Nachbarn weitergegeben wird. In der Ethnographie der Primitiven herrschen fast durchwegs die kleinen Zahlen. Wenn wir die Zahl der Weddas mit 2000 Seelen anzusetzen haben, so ist der Völkerschaft damit allein der Stempel der Bedeutungslosigkeit für die Geschichte aufgedrückt.

In der Seelenzahl eines Volkes liegt aber noch mehr als die nackte Ziffer; diese Zahl setzt sich bei den verschiedenen Völkern in verschiedener Weise zusammen und wirkt dadurch auf das gemeinsam erzeugte Kulturleben mannigfaltig ein. Elementare Mittel, die Volkszusammensetzung zu beeinflussen, sind die künstliche Beschränkung der Kinderzahl in Polynesien und Australien, auch auf Formosa, wo es als schändlich für eine Frau gilt, wenn sie vor ihrem fünfunddreißigsten Jahre gebiert, der weitverbreitete Kindermord, der selbst unter Kulturvölkern, wie Indern und Chinesen, Hekatomben kindlicher Existenzen hinschlachtet. Eine verwandte Einrichtung, die Greisentötung oder -Aussetzung, die sich vielfach zum Greisenselbstmord umbildet, entfernt die untätigen Mitglieder der primitiven Gemeinschaft in ähnlicher Weise, wie dies mit den Kindern geschieht. Die Gliederung nach Altersklassen, die wir in manchen Fällen antreffen, ist eine weitere Ausbildung jener ältesten und primitivsten Versuche, die Zusammensetzung des Volkskörpers in künstlichem Sinne zu ordnen. Sie geht Hand in Hand mit der Arbeitsteilung in primitiven Verbänden, der Familienverfassung; auch die physikalischen Besiedlungsverhältnisse nehmen einen bedeutenden Einfluß auf die Art der Verteilung innerhalb der Volksgruppe, bestimmen ihre aktive Stoßkraft und ihr Widerstandsvermögen.

Welch wichtiges soziales Prinzip die Arbeitsteilung in der Völkerentwicklung geworden ist, braucht nicht erst betont zu werden. Von ihren ersten Ansätzen, die wir bereits im Herdenleben geselliger Tiere antreffen, wo die Leittiere, die Aufpasser, die Wegweiser sich aus dem Rudel hervorheben, wozu unter den menschlichen Verbänden das primitive Häuptlingswesen, der primitive Arzt und Priester die Seitenstücke bilden, geht in Verbindung mit dem Altersklassensystem eine fortschreitende Entwicklung herauf bis in die fein verästelte Arbeitsorganisation des modernen Staates. Die Arbeitsteilung nach den Geschlechtern und nach den Altersstufen sind die natürlichsten, stetigsten, wie sie die frühesten sind: Männerarbeit unterscheidet sich überall wesentlich von der Weiberarbeit.

Daß der Verkehr, die Völkerberührung, sie sei feindlicher oder friedlicher Art, sei Krieg oder Tauschhandel oder Konnubium, den Kulturbesitz der Völker auf das mächtigste beeinflußt, ist sogar im Zeitalter des Verkehrs nicht wahrer geworden, als es für die ältesten Entwicklungszeiten des Völkerlebens gilt. Die Berührung zwischen Völkern kann dabei auf die mannigfaltigste Weise, in verschiedenstem Umfange bewerkstelligt werden. Bei Wanderungen und in wechselnden Niederlassungen der Stämme kann die ganze Volkszahl plötzlich in eine andere Umgebung, unter andere Menschen versetzt und danach verändert werden. Die unablässigen Fehden und Kämpfe in den älteren Epochen des Völkerlebens, wo die Sicherheit jedes Stammesgenossen nach außen hin sich nur auf der Krücke des ständigen Friedenskaufes bewegen kann, bringen von Horde zu Horde — von Dorf zu Dorf — den Kulturtausch nicht weniger in Gang als der Handel, der vom stummen Tauschverkehr bis zum meerumspannenden Welthandel allmählich fortschreitet. Der kriegerische oder friedliche Weibertausch unter verwandten oder unverwandten Stämmen eines Völkergebietes, Kinder- und Sklavenraub sind weitere Faktoren, welche sozusagen anonym durch die hundert feinen Kanäle des Privatlebens die Entwicklung des Volkstums überall nachhaltig beeinflußt haben. Die Kulturgeschichte der Völker wird immer mehr Verkehrsgeschichte, je mehr sie sich historischen Zeiten nähert, und von der Kulturgeschichte der europäischen Völker läßt sich in der Tat mit Viktor Hehn sagen, daß sie einfach die Geschichte des europäischen Verkehrs im weitesten Sinne des Wortes darstellt.

B) Allgemeine Völkerkunde.

1. Allgemeines.

Die Entwicklungskräfte des Völkerlebens, welche im armseligen Dasein der Primitivmenschen wie im Kulturleben großer Nationen wirksam sind, haben über die Mannigfaltigkeit der Erde hin eine ungeheure Fülle von Völkergestalten erzeugt. Von dem armseligen Dasein der schweifenden Jägerhorden, wie sie in den Buschmännern Südafrikas oder den Botokuden Brasiliens uns entgegentreten, bis zu den ungeheuren Staatsnationen Ostasiens, wo die Menschen dicht wie die Halme des Feldes beisammen wachsen, lehrt uns die beschreibende Völkerkunde die allerverschiedensten Gebilde von Völkern kennen. Sie haben aber trotz der mannigfachsten Verschiedenheit des Äußern und Innern doch eine Menge gemeinsamer oder ähnlicher Züge, die eben aus dem Zusammenleben von Menschen zu allen Zeiten und an allen Orten entstehen müssen. Es ist notwendig, daß wir uns mit einer Betrachtung dieser allgemeinen Formen des Volkslebens den Blick schärfen für die Wahrnehmung der besonderen Völkergestalten.

2. Systematik des Volkslebens.

Die geselligen Gruppen der Menschheit jeder Art und jeder Größe führen zunächst als eine Summe von Naturwesen ein durch das Zusammensein bestimmt geformtes physisches oder materielles Leben. Der Mensch, sei es der Wilde, sei es der Kulturmensch, ist zunächst Naturkörper mit bestimmten Naturfunktionen des Lebens. Er ißt und trinkt, er liebt und zeugt Kinder, er schläft, haust und kleidet sich, sichert sich vor Gefahr und stirbt am Ende seiner Tage.

Zur Befriedigung dieser rein natürlichen Funktionen ist von den sozialen Gruppen eine mannigfaltige Arbeitsleistung gefordert, deren Methoden und Eigentümlichkeiten eben von diesen sozialen Gruppen abhängen. Bei der Betrachtung dieser mannigfaltigen Arbeitsleistungen und ihres Entwicklungsganges im Völkerleben untersuchen wir innerhalb der großen technologischen Hauptentwicklungsstufen, wie sie von der Prähistorie als ältere und jüngere Steinzeit, Metallzeit geschieden werden, die Techniken der menschlichen Ernährungsgewerbe, als Jagd, Fischfang, Ackerbau, Viehzucht, Baumzucht, Kochkunst, des Wohnbaus, der Lebenssicherung durch Waffen und Kriegsführung und Feuerbenützung, der Kleidungsgewerbe und Transportmittel.

Wir lernen dann ferner den Aufbau der geselligen Gruppen und deren besondere Lebensäußerungen kennen.

Die größeren Verbände der Menschheit bestehen zunächst aus Familien und Verbindungen derselben, wobei verschiedene Verwandtschaftssysteme zugrunde liegen; sie beruhen auf Stammbildung, zeigen ständische Gliederung und politische Entwicklung. Soziale Funktionen der Gruppe sind das Recht, das Eigentum, der Verkehr, die Geselligkeit. Aus allem dem lernen wir das verwickelte Wesen der menschlichen Geselligkeit kennen.

Aber die geselligen Verbände der Menschen haben, wie sie ihre physischen Bedürfnisse in sozialer Weise befriedigen, auch geistige Bedürfnisse, deren Befriedigung, mehr als unter kultivierten Völkern eine öffentliche Angelegenheit, in gemeinschaftlicher Art erfolgt. Der geistige Besitz der Völker ist, wie Allgemeingut, auch Gemeinprodukt. In diesem geistigen Gemeinbesitz der Völker haben wir die Sprache, die Religion und Kunst, die Wissenschaft und als letzte Entwicklung die Schrift zu berücksichtigen, mit welcher der Kreis der geschichtlosen Welt sich schließt, um dem Zeitalter der Schrift, d. h. der Geschichte, Raum zu geben.

3. Die Kultur der Völker.

I. Materielle Kultur.

Mehr als auf den andern Gebieten menschlicher Betätigung tritt hier die Identität der Lebensäußerungen der Menschen aller Breiten hervor. Nur dürfen wir hier zunächst nicht an unser eigenes Leben, das Dasein der Gebildeten in den großen Städten, denken, sondern an die volkstümliche Daseinsform von Hirten und Bauern. Jene Schichten unserer Bevölkerung, welche wir vorzugsweise die produktiven nennen, und die zugleich die Selbstkonsumenten ihrer Erzeugnisse sind, stehen den primitiven Völkern hierin so nahe, als es die Unterschiede von Wohnort und Rasse nur immer zulassen. Auch die antiken Völker tragen in ihrer äußeren Lebensführung wie in Arbeit und Geist so viel Altertümliches zur Schau, weil sie ebenfalls Produktion und Konsum möglichst zusammenfallen lassen.

Jede Lebensäußerung des Menschen empfängt ihre Formen durch das Zusammenleben in der Gruppe, gelangt durch dasselbe und in demselben zur Befriedigung. Die Nahrungssorge, das Geschlechtsleben, die Sicherung der Existenz, Bekleidung und Behausung sind von Anfang an keine menschlichen Privatsachen, sondern Gruppenangelegenheiten mit sozialen Formen. Die Völkerbeobachtung hat leider dieser Erkenntnis nicht genügend entsprochen, indem sie vielfach tut, als wären die Stämme, Horden und Völker nur eine arithmetische Summe von Individuen, die alle essen, schlafen, zeugen und sterben, jeder für sich und alle nebeneinander, während in Wirklichkeit jeder in der Art lebt und für sein Leben sorgt, wie sie, alle miteinander, es sich eingerichtet und ausgeteilt haben, alle für einen und einer für alle. Die gemeinsame Jagd, das gemeinschaftliche Fischen sind soziale Anstalten der Nahrungsbeschaffung; die Formen der geschlechtlichen Verbindung sind durchaus keine Privatsache, sondern Ergebnis des Gruppenlebens. Wir sehen: auch die individuellste Funktion hat soziale Form. Die umfassende Anwendung dieses Satzes auf die in der Völkerkunde erhobenen Tatsachen hat allerdings erst zu geschehen.

1. Ernährung.

Auf der Urstufe materiellen Daseins treibt der Mensch Sammelwirtschaft, d. h. er lebt von den Vorräten der Natur, die ihm Pflanze und Tier des Waldes und der Weide, der Flüsse und des Meeres in größter Mannigfaltigkeit darbieten. Vor allem sind die Bäume, und unter diesen wieder die Palmen, die Nährmütter der Menschheit. Die Sagopalmen, die Kokospalmen gewähren Malaien, Papuanen und Polynesiern im Laufe des ganzen Jahres unerschöpfliche, wenn auch einförmige Nahrung, die durch den Fischfang gelegentlich bereichert wird. Ein wilder Obstgarten ist der Urwald Brasiliens genannt worden, in dem eine Unzahl fruchttragender Bäume Speise und Trank liefern. Mühelose Kost gewährt der Brotfruchtbaum mit seinen melonengroßen nahrhaften Früchten den Polynesiern und den Bewohnern der Molukken; und die Dumpalme und der Dattelbaum sind wieder die afrikanischen Nährbäume, welche ganzen Stämmen ihren Unterhalt sichern. Dies sind nur einzelne hervorstechende Beispiele für eine Fülle der mannigfaltigsten Baumfrüchte in allen Zonen, die vom Hunger des Menschen überall bald gefunden und in Pflege genommen worden sind.

Wie das Sammeln der Baumfrüchte zur Baumzucht der seßhaft gewordenen Völker geführt hat, so hat der regelmäßige Ackerbau feldbestellender Völker seine prähistorische Stufe im Einsammeln wildwachsender Samenkörner, Beeren und eßbarer Wurzeln, kurzum der kleinen und mühseligen Tafel, welche die Natur dem Menschen im niedrigen Gestrüpp der Wälder, auf Wiese und Weide deckt. Solche Zukost sichert dem Australneger, dem Wedda, dem Buschmann, dem Botokuden seine von der Jagd allein keineswegs gewährleistete Existenz, um in allmählichem Steigen der Fürsorge zum regelmäßigen Ackerbau zu führen, der zunächst in primitiven Verhältnissen überall in der Hand der körner- und beerensuchenden Weiber verbleibt.

Über der pflanzlichen, aus dem Naturvorrat improvisierten Urkost steht die tierische Speise, zu welcher den Menschen sein Gebiß und seine Verdauungseinrichtung befähigen. Der Mensch ist von jeher, soviel wir wissen, ein Allesesser, und er hat denn auch in der Tat dies Naturprivileg bis zum Kannibalismus ausgenützt. Auf der Stufe des niederen regellosen Jägerlebens wird von tierischer Nahrung alles ergriffen, was genießbar scheint. An den Seeufern findet sich für die Fischervölker eine Menge eßbarer Meerbewohner mühelos bereitgelegt. Die regelmäßige Jagd und der Fischfang versorgen die Tafel der Männer. Endlich gewährt die Viehzucht den Hirtenvölkern mit ihren lebenden Fleischvorräten, dem Milch- und Blutgenuß einen dauerhaften Lebensunterhalt, dessen Verläßlichkeit allerdings durch ungünstige Witterungs- und Vegetationsverhältnisse, durch Seuchen oder die räuberischen Überfälle anderer Stämme stark und stetig in Frage gestellt wird.

Hier ist der Ort, über eine Unsitte, eine grauenvolle Gewohnheit vieler Stämme, zu sprechen, von deren Schrecken besonders die ältere Völkerkunde erfüllt ist. Es ist dies der Kannibalismus zahlreicher Völker, die dabei keineswegs auf tiefster und rohester Lebensstufe stehen. Wir unterscheiden zwischen dem Menschenfraß im eigenen Stamm (Endokannibalismus) und der Anthropophagie unter Stammfremden, die sich im Kriegszustande befinden. Die verschiedensten Beweggründe wirken zur Entstehung, Übung und Konservierung der abstoßenden Gewohnheit mit. Hunger, insbesondere Fleischhunger beim Mangel größerer Tiere, Leckerheit, Befriedigung feindseliger Instinkte, Rachedurst sind die mitwirkenden Triebe. Es ist in hohem Grade wahrscheinlich, daß die Anthropophagie eine Gewohnheit ist, welche alle Völker auf ihrer rohesten Entwicklungsstufe gekannt haben. In grausamer Verknöcherung der Sitte festgehalten, wird sie bei manchen Halbkulturvölkern, wie bei den Altmexikanern, den Bataks, zu einer religiösen und gerichtlichen Feierlichkeit oder zum stumpfsinnigen Leichenfraß einzelner bevorrechteter Verbände, wie bei den Hametzen Nordwestamerikas. Das Menschenopfer mit kannibalischen Anklängen, dem Verzehren von Augen oder Herzen der Opfer durch Häuptlinge oder Priester, steht damit in enger Verbindung.

Eine eigenartige Beschränkung der Nahrungsmittel wird fast bei allen Völkern von primitivster Stufe aufwärts bis zu den Kulturnationen heutiger Tage durch eine krause Fülle von Speiseverboten bewirkt. Die schweifenden Horden der Australneger wie die brasilianischen Jägerstämme und so die Völker jeder Wirtschaftsform enthalten sich zuzeiten oder für immer gewisser pflanzlicher wie tierischer Nahrungsmittel aus Gründen, für welche eine spätere religiöse Anschauung die Bezeichnung der „Unreinheit" hat. Irgendwie sind es besondere Beziehungen religiöser oder mythischer Art, die hier obwalten. Man schont das Stammestier, von welchem ein Verband seine Abstammung ableitet; man sieht in gewissen Tierklassen mächtige Fetische; man erkennt medizinische Zusammenhänge, namentlich mit gewissen pflanzlichen Nahrungsmitteln, und enthält sich so ihrer Aufnahme. Eine spätere Stufe erkennt in solchen verbotenen Speisen entweder „Attribute" mythischer Mächte und Gestalten oder fürchtet mit einer noch jüngeren Wendung des religiösen Bewußtseins die „Verunreinigung" durch ihren Genuß. Hier liegt ein deutliches Beispiel für die den Völkerkundigen geläufige Beobachtung vor, wie auch die seltsamsten Kulturelemente primitiver Stufen im Dasein der Kulturvölker sich nicht gänzlich verlieren, sondern in irgend einer Verkleidung oder Abschwächung halb oder ganz unverstanden fortdauern.

Neben der Speise ist das Getränk eine natürliche Notwendigkeit für den Menschen. Die Sorge um trinkbares Wasser ist eine große und unablässige im Leben der Unkultur. Sie bestimmt neben der Rücksicht auf den nächtlichen Lagerplatz die unsteten Wanderzüge der schweifenden Jäger- und der nomadischen Hirtenvölker. Sie steht unablässig drohend vor den Bewohnern der zahllosen Koralleninseln

Ozeaniens und hat hier früh zu Einrichtungen vorausschauender Fürsorge geführt. In den wasserarmen Steppen- und Wüstengebieten Innerasiens und Ost- wie Südafrikas bestimmt die gleiche Rücksicht die soziale und politische Gestaltung des Völkerlebens auf das tiefste. Überall hängen die Siedlungen mit dem reichlichen Vorkommen trinkbaren Wassers zusammen. Nicht ohne Grund erfüllen uns die gigantischen Wasserleitungen und Bewässerungsanlagen der antiken Völker, namentlich im Bereich der römischen Weltherrschaft, mit staunender und stolzer Kulturempfindung.

Neben dem allbelebenden Wasser hat sich der Mensch allerorten und allezeit künstliche Belebungs- und Berauschungsgetränke gemischt, welche ihm das Gefühl erhöhter Existenz gaben und das Pochen des Sorgengedankens vergessen ließen. Diese Berauschungstränke werden aus den verschiedensten pflanzlichen, mitunter auch tierischen Elementen (Milch) durch Gärung gewonnen; es sei hier nur des Kawatranks in der Südsee aus der Wurzel eines Pfefferstrauchs, des Pombebiers der Neger, der Ahornweine Nordamerikas, des asiatischen Kaffee- und Teetranks gedacht. Die Narkotika, wie Tabak-Rauchen und -Schnupfen, ursprünglich bekanntlich eine religiös anklingende Gewohnheit der Indianer, das Dacha- und Hanfrauchen, der Betelgenuß unter Malaien und im indischen Kulturbereich, das Kokakauen der Peruaner und anderer südamerikanischer Völker ist nur in der Methode, nicht im Zweck und in der Wirkung davon verschieden. Ein Wort gebührt auch noch dem Salz und dem Zucker als physiologisch notwendigen Würzen der Nahrung. Völker mit vorwiegend vegetabilischer Nahrung bedürfen ihrer zur Erhaltung der Muskelkraft gar sehr. Instinktiv hat die Menschheit diesem physiologischen Gesetz durch fleißigen Genuß von Honig mit seinem intensiven Zuckergehalt, sowie durch Salzleckerei entsprochen. Als weithin gesuchte Reizmittel haben diese Urgewürze den menschlichen Verkehr in friedlicher und kriegerischer Berührung belebt und den Handel von Volk zu Volk in Gang gebracht.

2. Schlaf und Obdach.

Der Mensch ist, wie jegliches Getier, ein nachtschlafendes Wesen. Da die Sinne im Schlafe schlummern und das Tier somit seiner natürlichen Wächter und Warner entbehrt, sucht es sich im Schlaf zu verbergen oder sonst durch allerlei Anstalten möglichst zu sichern. Die Vögel beziehen ihr Nest, das Wild verkriecht sich im Dickicht, die Affen improvisieren sich im dichten Laubwerk der Bäume ein Nachtquartier. Auch beim Menschen ist die Schlafgewohnheit der stärkste Antrieb zur Behausung gewesen. Der primitive Mensch macht sich sein flüchtiges Obdach hauptsächlich zum Zwecke des Nachtlagers zurecht. Tagsüber ist die Lehmhütte des Negers oder das Lederzelt des Indianers verlassen; das ganze Privatleben und gesellige Dasein selbst recht fortgeschrittener Stämme spielt sich zumeist vor und zwischen den Hütten ab; aber des Nachts verkriecht sich die ganze Gesellschaft pünktlich in ihre Behausungen.

Dieser Zusammenhang der menschlichen Behausung mit der Schlafeinrichtung ist sicher nicht der einzige, welcher auf die Entwicklung der menschlichen Wohnung gewirkt hat. Der Schutz vor der Ungunst der Witterung, vor Regen, Kälte und Hitze, sowie die Rücksicht auf das Hausfeuer haben ebenso Einfluß genommen; aber dieser Zusammenhang mit dem Schlafbedürfnis ist ein sehr enger und hat auf die Einteilung der menschlichen Behausung wesentlich eingewirkt.

Das Schlafbedürfnis der Primitivmenschen ist ein sehr starkes und zwingendes; erst der Kulturmensch wird Herr auch über seinen Schlaf und schränkt ihn durch Arbeit oder Vergnügen ein. Australneger, Papuas, Andamanesen sind so gut auffallende Langschläfer, wie dies Tacitus von unsern Altvordern berichtet.

Die Schlaflage bei den verschiedenen Völkern zu erheben, ist von Interesse, da sich auf den untern Gesittungsstufen ein gewisser Bezug derselben zu den allgemeinen Verhältnissen des Lebens zu zeigen scheint. Die Schlafstellung der primitivsten Völker ist die Kauerstellung, bei welcher der Körper zusammengerollt die möglichst geringe Angriffsfläche gegen außen darbietet, wie beispielsweise der Buschmann schläft. Die Vettern Sarasin schildern uns höchst anschaulich, wie eine

Fig. 1. Getreideschachteln, Wohnhütten, Geisterhütten der Waha, Ostafrika. (Nach Dr. Oskar Baumann.)

Familie von Naturweddas die Nacht zubringt: der Senior mit Bogen und Axt in der Mitte, die Kinder und jüngeren Glieder lagern sich nahe an ihn heran, in enger Berührung, um warm zu haben, während der Rest in einem Kreise in gewisser Entfernung hingebettet liegt. Die Australneger kauern sich auch zu zweien oder dreien dicht nebeneinander, mit umschlungenen Armen und Beinen und erwärmen sich gegenseitig; desgleichen die Neger.

Um den Wärmeverlust in der Nacht nicht allzustark zu empfinden, ist es unter allen Völkern, die noch nicht zu festen Behausungen gelangt sind, eine sehr natürliche Ge-

Fig. 2. Wohnhütten und Geisterhütten der Wanyamwesi. (Nach Dr. Oskar Baumann.)

wohnheit, sich in die noch warme Asche des Kochfeuers zu betten — es entspricht auf primitiver Stufe der Lagerbank am oder über dem Ofen, wie es eine spätere Zeit und Kunst etwa im deutschen oder slawischen Bauernhaus bis auf den heutigen Tag behaglich nützt.

Die Art der Verteilung der Schläfer in den Schlafräumen, die zur Verfügung stehen oder in Verwendung genommen werden, hängt von sehr begreiflichen Rücksichten auf die Sittlichkeit innerhalb der Gruppe ab. Diese Rücksichten geschlechtlicher Art haben vielfach sogar auf die Hauseinteilung eingewirkt. Bei einem so tiefstehenden Volke, wie die Bubis auf der Insel Fernando Poò, beobachtete Oskar Baumann doch die deutlichste Rücksichtnahme auf diese Verhältnisse mit der Erbauung besonderer Schlafhütten für alle Mädchen und Knaben, in denen nur je ein Kind Platz findet. Eine ähnliche Rücksichtnahme findet in den Kommunalhäusern indianischer Stämme statt. In jedem solchen lebt eine Tribus. Sie zerfallen in vier Abteilungen. In der einen schlafen die Witwen und Jungfrauen; in der zweiten die Witwer und Junggesellen; in der dritten die Ehepaare; in der vierten die Kinder. Die Abteilungen für Ehepaare sind in Zellen geteilt. In anderen Fällen bewohnen die Frauen ein eigenes Haus, wie bei den Mortlock-Insulanern oder den Betschuanen Südafrikas. Die weitverbreitete Sitte der Junggesellenhäuser unter Malaien und Polynesiern wie unter Papuas ist zum größten Teil dergleichen Rücksichtnahme auf die Zusammensetzung der Schlafgesellschaft entsprungen.

Neben dem Bedürfnis der Sicherung im Schlafe hat der Wunsch, eines verläßlichen Schutzes gegen die Unbilden der Witterung zu genießen, auf die Errichtung eines künstlichen Obdachs hingewirkt. Die Urgeschichte weist die ältesten Spuren unseres Geschlechts in Höhlen nach; jedoch dürfen wir nicht glauben, daß je ein Troglodyten-Zeitalter bestanden habe, in welchem die Menschheit in Grotten und Höhlen hauste. Auch die hohlen Bäume als älteste Herbergväter der Menschheit sind ins Reich der Fabeln zu verweisen; ein Wedda sagte diesbezüglich: — „Dort hausen ja nur die Schlangen." Primitive und schweifende Jägerstämme improvisieren das Nachtlager, wo sie gerade die Dunkelheit

Fig. 3. Katschinzenjurte aus Lärchenrinde.

überfällt, wie die Australneger, die Buschmänner, die Botokuden. Ein Wetterdach, aus Ästen und Reisig geflochten, schräg gegen die Windseite gestellt, schützt den unsteten Menschen und sein Feuer. Werden die Völker einmal seßhaft, so behelfen sie sich unter einem milden regenarmen Himmelsstrich noch vielfach mit einer rohen, kaum über die alte Improvisation hinausgreifenden Bauweise. Flüchtig abgehauene

Zweige und Stämme, in den Boden kreisförmig eingesteckt, an den oberen Enden verbunden und mit Zweigen oder Fellen bedeckt — das ist die flüchtig errichtete, aber bereits stetige Behausung der Hottentotten, der Gallas oder Somal oder der nomadischen Jäger und Viehzüchter Sibiriens zur Sommerszeit. Dieser Zeltstil, der den Jägervölkern Nordamerikas, den sibirischen Völkern zur Sommerszeit, vielen altaischen Völkern Innerasiens eignet und selbst unter Semiten zum luftigen Zelthaus führt, charakterisiert die Völker von nomadischer Lebensweise.

Flüchtig, wie diese leichten Bauten, schließen sich ihnen in der Bauweise die Hütten von Bienenkorb- oder Kegelform in den verschiedensten Stadien der Vollendung an, wie sie die ackerbautreibenden Neger bauen. Das Baumaterial richtet sich hierbei selbstredend nach der Natur der umgebenden Landschaft. Unter den Malaien und Polynesiern, sowie den übrigen Völkern der Südsee ist das Holz- und Bambushaus mit viereckigem Grundriß, zuweilen in bewundernswerter Größe und Ausstattung, anzutreffen, vielleicht das Vollkommenste, was im Holzstil bei Naturvölkern geleistet worden ist, wenn wir nicht die Holzbauten der Nordwest-Amerikaner oder die Holzpaläste Zentralafrikas und des Kongogebietes noch im Range darüber stellen müssen. In Steinbauten oder Schneehütten hausen die holzarmen Eskimos.

Hütten aus gestampftem Lehm mit Strohdächern, wie sie Mittelafrika besitzt, stellen gleichsam die Urform dar für die Bauten aus Tonziegeln, die in den trockenen Hoch- und Tiefländern Neu-Mexikos, Mexikos und Mittelamerikas die Regel waren. Der Steinbau, unter Naturvölkern nur in unvollkommener Weise in den Steinhäusern der Mittelamerikaner, den Steinbauten der Polynesier (Osterinsel, Karoleninseln) oder im Gebiete der Inka-Kultur verwirklicht, tritt erst unter den Geschichtsvölkern Asiens und Europas in seine zukunftsvolle Entwicklung und wird in Ägypten wie in Mesopotamien architektonisch, von wo aus die Kunst der Steinfügung in die Alte Welt ausstrahlt.

Der Zweck des Schutzes, der mit zur Behausung geführt hat, ist mitunter in der Anlage der menschlichen Wohnung besonders betont. So sind die Pfahlbauten im Wasser

Fig. 4. Pfahlbauhütten auf den Nikobaren.

wie zu Lande, wie wir sie unter den Malaien und Papuas, in China und Hinterindien antreffen, zu verstehen. Die europäischen Pfahlbauten der Vorzeit sind eine der außereuropäischen Völkerkunde in allen Erdteilen geläufige Erscheinung. Seltener ist der Fall von Baumwohnungen zu gleichem Zwecke ausgiebigeren Schutzes vor Tier, Mensch und den Elementen, wie wir solche bei den Batak auf Sumatra, bei einigen südindischen Stämmen, manchen Melanesiern kennen.

Die großen Gesellschaftshäuser mit mehreren Stockwerken, wie sie uns an verschiedenen Punkten, unter den Nutka-Indianern der Nordwestküste Nordamerikas, den Dayak Borneos, auch von Südamerika bekannt sind, dienen ganzen Sippen zur Wohnung. Auch sie sind Wirkungen des Schutzbedürfnisses, das die Menschen überall in verfestigte Siedlungen zusammengedrängt hat und in hunderterlei Befestigungsweisen dieser Niederlassungen wirksam war. Am Ende dieser Entwicklung steht unter den historischen Völkern die Stadt mit ihrer größten Sicherung durch die Zahl und Kraft ihrer Bewohner hinter festen Mauern und Gräben.

3. Schmuck und Kleidung.

Die Voranstellung des Schmuckes vor die Kleidung in obiger Überschrift bringt die von der Völkerkunde erhobene Tatsache zum Ausdruck, daß der Mensch früher auf den Ausputz seines Leibes als auf die Bedeckung seiner Blöße bedacht war. Schmuck und Tracht sind bei den gewöhnlich nackt oder fast nackt gehenden Völkern nicht voneinander zu trennen. Die Völker der Unkultur machen mit der Kleidung erst dann Ernst, wenn die rauhe oder nasse Witterung sie dazu zwingt. Die in dichtestes Pelzwerk gekleideten Eskimos gehen im Innern ihrer dunstigen, raucherfüllten Schneehäuser splitternackt umher.

Die Untersuchung über die Entwicklung der Kleidung ist leider über Gebühr mit der Frage nach der Entstehung des Schamgefühls verquickt worden. Die Bedeckung der Schamgegend ist durchaus nicht das erste und einzige Kleidungsbedürfnis der Unkultur. Bei nacktgehenden Menschen ist das Bedürfnis des Schutzes gegen die sengende Sonnenhitze wie den Regen eine sehr ergiebige Quelle improvisierter, wenn auch unvollständiger und nicht gewohnheitsmäßiger Bekleidung. Der Regen ist überall für die Haut des Menschen sehr empfindlich. Selbst die abgehärtetsten Eingeborenen von Australien vertragen ihn schlecht. Zum Schutz gegen denselben werfen sich hier die Frauen hin und wieder eine Bastdecke um. Eine ähnliche Primitivkleidung improvisieren sich die Neubritannier, indem sie Blätterbüschel bei der Feldarbeit wie beim Marsch über die schattenlosen Grasflächen oder bei Kanoefahrten über Nacken und Rücken herabfallend tragen.

Das schwächere Geschlecht gebraucht derartige Schutzbehelfe häufiger als das männliche. Wir wissen von solchen Weiber-Regenmänteln auf den Karolinen, Neuguinea, auf den Philippinen usw.

Auch in Krankheitsfällen greift der Mensch auf primitiver Stufe zu sonst ungewohnten wärmenden Kleidungshüllen. Ein häufiges und weitverbreitetes, gewissermaßen

Fig. 5. Weddamann mit Blätterschurz.

loses Kleidungsstück der nackten Menschheit stellt sich infolge des Schutzbedürfnisses gegen die Kälte, Nässe und die Rauheiten der Unterlage beim Sitzen ein. Unter Hottentotten, wie sonst in Süd- und Ostafrika, ist das *Sitzleder* typisch. Häufiger und vielseitiger als der robustere Männerleib ist der *Frauenkörper* infolge besonderer ihm auferlegter Funktionen in der Lage, sich nach den flüchtigen Behelfen einer notdürftigen Bekleidung umzusehen.

Die Verhüllung der Blöße durch Binden, Schamgürtel, ist also gewiß nicht der Beginn, wohl aber die häufigste Form der Primitivkleidung, welche sich sehr nahe mit einer Schmuckform berührt. Man kann sie im allgemeinen als die *Tracht der Tropenvölker* bezeichnen. In der *subtropischen Tracht* gesellt sich die Bedeckung des Oberkörpers dazu, um in der *Tracht der nördlichen Völker*, sowie der Kulturvölker zu immer ausgiebigerer Verhüllung des Körpers zu führen. Hier ist die Kleidung nicht nur die Befriedigung eines leiblichen Bedürfnisses, sondern zugleich von sozialer Bedeutung und bezeichnet förmlich die *Rangstufen* in der Gesellschaft.

Die *Bekleidungsstoffe*, mit denen die Menschheit ihre Verhüllung besorgt, sind überall über das Elementare erhoben und verleugnen nirgends den engsten Zusammenhang mit den Wirtschaftsverhältnissen der Völker. Wie die Nahrung, so entnimmt der Mensch auch seine Kleidung dem *Pflanzen- wie dem Tierreiche*. Geklopfte Baststoffe des Papiermaulbeerbaumes, die bekannte Tapa ist der Kleidungsstoff unter den Südseevölkern, wie ähnliches Zeug unter indischen Völkern sowie in Zentralafrika von einer Feigenbaumart gewonnen und getragen wird. Bei Jägern und Hirtenvölkern dienen die Felle und Häute der erlegten Tiere zu Kleidungszwecken, nachdem sie eine flüchtige oder sorgfältigere Zubereitung durch Klopfen und Einfetten oder durch die Gerbung erfahren haben. Vielfach werden Baststoffe geflochten, wie bei den Völkern der Südsee, Mikronesiern, Neuseeländern, bei den Tlinkitvölkern in Nordwestamerika, in Brasilien; von der Kunst der Mattenflechtung ist dann nur mehr ein Schritt zum Weben verschiedensten Zeuges, das uns zunächst als Halbweberei (Handweberei) und zwar auf senkrechtem Halbwebstuhl in Europa, Nord- und Zentralafrika, auf wagrechtem Halbwebstuhl bei Ostasiaten, in Hinterindien, dem malaiischen Archipel und in der Südsee begegnet, in weiterer Entwicklung sodann als Trittweberei und Zugweberei, deren Heimat Ostasien zu sein scheint, auftritt.

Neben seiner Bekleidung sucht der Mensch vom untersten Tiefstand seiner Kultur bis zum höchsten Punkte zivilisierten Raffinements seine Erscheinung durch Schmuck zu erhöhen und auszuzeichnen. Rücksichtslos greift er den eigenen Körper an, um oft unter Überwindung großer Qualen und peinlicher Unbequemlichkeit einer Auszeichnung seiner Persönlichkeit teilhaftig zu werden. Die größten Mühen, die ausgiebigsten Opfer an Zeit und mühevollem Schweiß, welche dem Bedürfnis nicht gebracht werden, opfert er willig, befriedigt und entzückt den kosmetischen Dingen.

Die Betrachtung, welche dem menschlichen Schmuck von der Kunstgeschichte bisher zuteil geworden ist, ist lediglich von der Schönheitsempfindung des Geschmückten, vom Wohlgefallen des Trägers an seiner durch den Schmuck erhöhten Erscheinung ausgegangen. Einen ganz anderen Standpunkt nimmt die Völkerkunde ein. Für sie wird mit dem Schmuck nicht Schönheitsempfindung getrieben, sondern eine Wirkung auf die anderen beabsichtigt. Außerdem ist durch die Völkerbeobachtung klar geworden, daß der Schmuckzweck vieler verbreiteten Schmuckformen späterer Entwicklung angehört, daß ihr ursprünglicher Grund ein praktischer oder medizinischer gewesen ist. Die menschlichen Dinge sind übrigens selten so deutlich und reinlich in Entstehung, Bedeutung und Entwicklung voneinander geschieden, als dies unsere begriffliche Systematik voraussetzt. Der „Schmuck" des Primitivmenschen ist vielleicht Gebrauchsding, Medizin, Kunstwerk und persönlicher Zierat, sei es von geschlechtlicher, sei es von gesellschaftlicher Bedeutung, Wert- und Tauschgegenstand, Piktographie und Talisman, alles in einem und auf einmal.

Ehe der Mensch sich Schmuck anhängt oder ihn anlegt, bringt er ihn unmittelbar am eigenen Leib an. Dies geschieht zuallererst durch Hautbemalung, durch Narbenzeichnung und Tätowierung. Erstere zu Kriegs- und Festzwecken mit allerlei Erdfarben, am liebsten in Rot, der Blutfarbe, ausgeführt, hat ausschließlich den Schmuckzweck, während die Narbenzeichnung dunkelhäutiger Völker, sowie die Tätowierung, welche namentlich unter den Polynesiern zur höchsten Ausbildung gediehen ist, neben der persönlichen Zierde auch Stammeszeichen und religiöse Übung ist. Auch die Frisur ist Gegenstand vielfältigster Pflege und Verzierung. Unter Papuas, wie unter zahlreichen Negervölkern mit Kraushaar, namentlich unter Südafrikanern, sind die absonderlichsten Haartrachten zu Hause. Kein schmuckfähiger Teil des Körpers bleibt ohne seinen Ausputz. Die Nase wird am Septum und in den Flügeln durchlocht, ebenso Wangen, Mundwinkel und Lippen; die Ohren als geschickte Schmuckträger erfahren selbstredend reichlichste Schmückung; das Gebiß erhält kunstvolle Zurichtung durch Feilen und Ausschlagen der Zähne. Am Körper werden diejenigen Stellen, die durch die vortretende Muskulatur zur Anbringung von Ausputz besonders geeignet sind, mehr oder minder reichlich bedacht.

Vor dem metallischen Schmuck, der allmählich fast allen andern verdrängt hat, steht das Schmuckgerät im engsten Zusammenhang mit den Wirtschaftsverhältnissen der Völker;

ja in dem verschiedenartigen Schmuck der Geschlechter spiegelt sich die Arbeitsteilung unter denselben unverkennbar wider. Die Männer, welche sich sowohl in der Unkultur, wie unter den barbarischen Völkern höherer Geschichtsstufen im allgemeinen weit reicher schmücken, als die Weiber, verfertigen ihre Schmucksachen aus den Erträgnissen ihrer Jagd: aus Federn, Zähnen, Pelzwerk usw.; die Weiber improvisieren die ihrigen aus pflanzlichen Mitteln, — ihrem sonstigen Arbeits- und Wirtschaftsbereich.

4. Waffen und Sicherung des Lebens.

Das früheste Verteidigungsmittel in der Hand des Menschen ist der rasch erhobene Wurfstein oder ein abgebrochener Baumast, eine Waffe, die schon der Affe im Notfalle handhabt. Von der geographischen Umgebung bedingt ist die weitere Entwicklung der Waffe in jeder Art, die, in den Anfängen wenigstens, mit der Ausbildung des Werkzeugs Hand in Hand geht. In den vormetallischen Zeiten lieferten der Stein und das Holz die Stoffe zu den Waffen, deren Formen und Wirksamkeit im großen und ganzen recht einförmige sind. Der Stock in der Menschenhand dient zum Stoß, zum Schlag oder zum Wurf. In ersterer Hinsicht entwickelt er sich zum Speer und Spieß, im Schlag wird er zur Keule, geworfen zum Wurfholz, aus dem sich die vielgestaltigen Wurfmesser West- und Zentralafrikas entwickelt haben. Die Wirkung des Arms beim Schleudern des Speeres wird durch den Gebrauch eigener Wurfbretter, welche in Australien, in Neuguinea, unter den Eskimo, in Brasilien usw. unabhängig voneinander erfunden worden sind, bedeutend erhöht. Einem ähnlichen Zweck dienen die Wurfschlingen in Neu-Kaledonien, Wurfseile auf den Neuen Hebriden. Die Keule, unter Melanesiern und Polynesiern, in Süd- und Ostafrika, in Nord- und Südamerika gebräuchlich, erhält durch aufgesetzte Steinkugeln, morgensternartige Schnitzknäufe wirksame Verbesserungen. Die wichtigste Waffe der Jagdvölker ist Bogen und Pfeil. Auf barbarischen Stufen wird diese Waffe furchtbar vor allem durch die Vergiftung

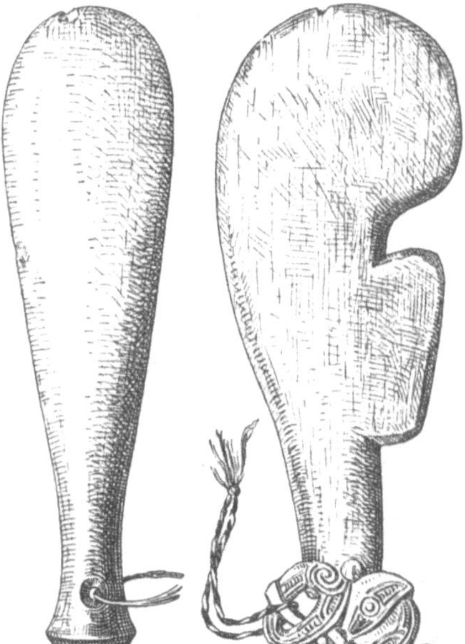

Fig. 6. Keulen der Maori auf Neuseeland.

der Pfeilspitzen mit tierischen und pflanzlichen Giften, deren Herstellung meist keine geringe Mühe und Sorgfalt erfordert. Bis zum metallischen Zeitalter ist das Schwert aus Holz, mit Haizähnen oder scharfen Knochensplittern besetzt, keine sehr verbreitete Waffe. Der Stein, als Schleuderkugel, als Axtklinge, als Speerspitze spielt in der Wehr nicht dieselbe Rolle wie im Arbeitsgerät. Im dichten Urwald, wo dem Pfeil oder dem Wurfspeer keine Flugbahn vergönnt ist, wird der lautlos abgesendete Bolzen des Blasrohrs mit vergifteter Spitze eine furchtbare Waffe. Wir kennen das Blasrohr in höchster Entwicklung bei den Urwaldstämmen Borneos, den Dayak, auf Malāka, wie in Brasilien bei zahlreichen Stämmen. Die Armbrust ist, höchst wahrscheinlich nach europäischem Muster, an verschiedenen Punkten der Erde unter Wildstämmen beobachtet worden.

Die Waffe ruft überall, im natürlichen Trieb nach Schutz, allerlei Wehr hervor; der Schild aus Holz, Leder, Rohrgeflecht ist durchweg vorhanden, wo Bogen, Pfeil und Speere den Menschenleib bedrohen. Auch als Parierschild erscheint er vielfach. Die Panzerung des Oberkörpers, die Verhüllung des Kopfes tritt auf, wo furchtbare Waffen mit Zersetzung des Leibes drohen, wie auf den Gilberts-Inseln durch die haifischzahnbewehrten Schwerter und Lanzen, auf Neuguinea, unter Malaien, sowie Ostasiaten usw.

Neben der Sicherung der Person gegen menschliche Feinde ist man auf die Sicherung des Lagers oder der Ansiedlung gegen das Raubzeug der

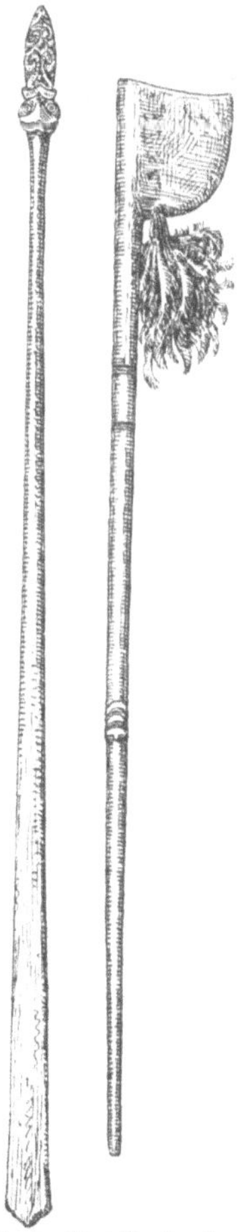

Fig. 7. Häuptlingswaffen der Maori auf Neuseeland.

Nacht bedacht. Hier gewährt das Feuer den wirksamsten Schutz. Palisaden und Umzäunungen, Dornenverhaue, spitze Bambuspflöcke, zahlreich in die Erde gerammt und

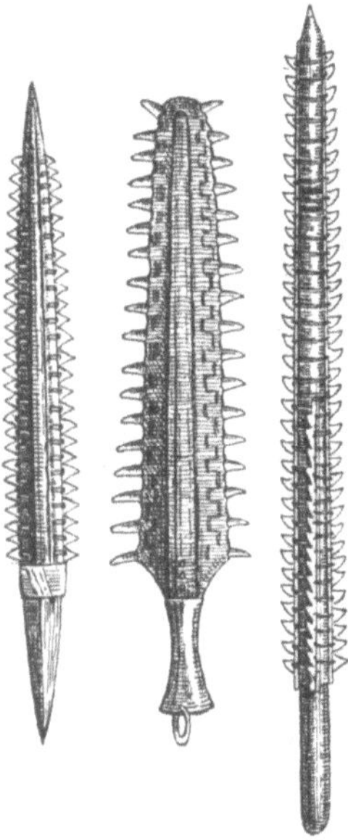

Fig. 8.
Schwerter, mit Haifischzähnen besetzt, der Gilbert-Insulaner, Südsee.

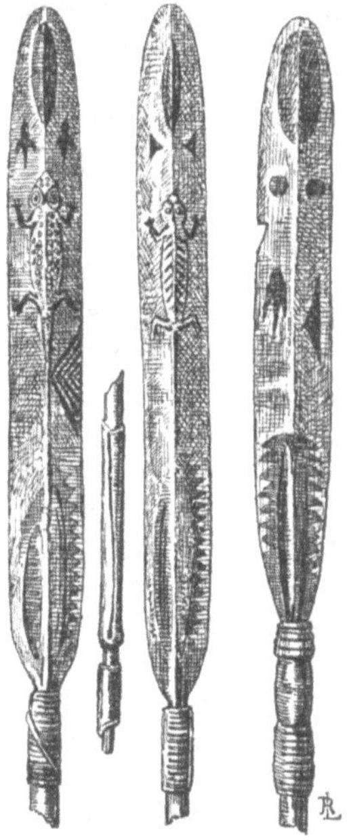

Fig. 9. Alte Speerklingen mit Verzierungen, von den Wataturu, Ostafrika. (Nach Dr. O. Baumann.)

mitunter vergiftet, Gruben und Umwallungen sind vor der Gründung befestigter Niederlassungen Notbehelfe gegen jede Art feindseliger Annäherung.

Fig. 10.
Armreifen mit Dolchklingen der Bari am oberen weißen Nil, Afrika.

Fig. 11.
Schlagring aus Eisen der Bari, am oberen weißen Nil, Afrika.

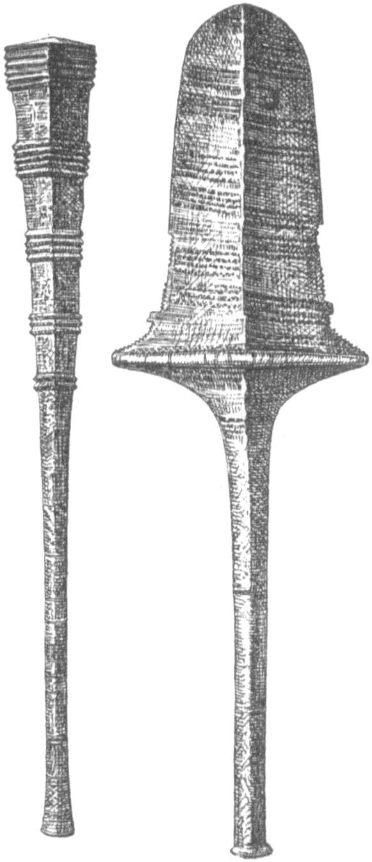

Fig. 12.
Keulen aus Eisenholz, mit feinem Schnitzwerk ganz bedeckt, von den Tonga-Inseln, Südsee.

II. Technologie.

Eine Technologie der Kultur liefern heißt alle jene unzähligen sich fördernden und durchkreuzenden Mittel und Wege aufzeigen, auf welchen die gesamte Menschheit in den Genuß ihres Kulturbesitzes gelangt ist. Für die vorgeschichtlichen Zeitläufe versucht die moderne Urgeschichte oder Prähistorie diese ungeheure Aufgabe zu leisten, und die Kulturgeschichte setzt das riesige Werk auf Grund der ethnographischen Erhebungen und der geschichtlich-archäologischen Zeugnisse bis auf den heutigen Tag fort.

Wer ist nun in jeder Kulturentwicklung der Arbeiter? Sind es bloß die einzelnen, ihr Genie, ihr Erfinderwitz, ihre zwei Hände, ihre Geduld und Kraftanspannung, millionenfach aufsummiert? Ist die Kultur mit andern Worten das Arbeitszeugnis der Individuen? Gewiß nicht. So viel wir in der Kulturentwicklung dem individuellen Moment einräumen mögen, es bleibt doch eine äußerst zahlreiche und bedeutsame Reihe von Wirkungen, die von der Masse ausgehen. Die Masse ist aber wohlgemerkt keine Summe der Individuen, sondern ein Produkt derselben.

Das Wesen der sozialen Arbeit ist ein von dem der individuellen Arbeit verschiedenes. Wo immer ein instinktives oder planmäßiges Zusammenwirken mehrerer Individuen, die ja als Gruppe stets in irgend einem Sinne zusammengehören, zu einem und demselben Zwecke stattfindet, liegt es vor. In dieser Gestalt begegnet es bereits auf tierischer Stufe. Wenn sich allerlei Raubzeug zusammenfindet, um gemeinsam ein Wild zu umstellen und zu töten, worauf der gemeinsame Fraß der Beute erfolgt, wie bei Schakalen und Wölfen, so ist das die tierische Unterlage der gemeinsamen Treibjagd auf das flüchtige Wild, wie sie beispielsweise der Buschmann übt.

Man kann sicher sein, daß die meisten Handgriffe und Verrichtungen, die zu irgend einem Lebenszwecke von Urmenschen ausgeführt worden sind, von mehreren Händen zugleich, in Gesellschaft und infolge davon in Gemeinschaft ausgeführt wurden. Denken wir z. B. an die Feuerbereitung der Urzeit. Wie bei vielen Stämmen, welche noch heute „lebendiges Feuer“ aus dem Holze erwecken, sich zumeist zwei bis drei Personen in die mühsame Arbeit teilen, so wird es auch in der Vorzeit des Menschen ein Bemühen mehrerer gewesen sein, das ersehnte Feuer rasch zu bekommen. War die gemeinsame Beute gefällt und totgeschlagen, so werden sicher mehrere Fäuste zugleich das Wild ausgebalgt haben. Die bloße Beobachtung und die daraus abgeleitete Erwägung, daß der primitive Mensch in seinem Hordenleben selten allein ist, daß er sich überall und immer von seinen Genossen umgeben sieht, sie sozusagen immer auf dem Halse hat, muß seiner Beschäftigung, der Richtung seiner Ideen und Unternehmungen den sozialen Charakter aufdrücken. Individuelle Arbeit, individuelle Erfindung und Technik hat gleichsam erst dann Boden, sich zu entwickeln, wenn wirklich das Individuum erst einmal für sich lebt, in seinem stillen Kämmerlein sitzt und sinnt und schafft.

Es haben daher in der Tat eine große Zahl von Techniken und Gewerben auf allen Gebieten des Lebens einen sozialen Charakter; sie sind Gemeinleistung, keine Individualarbeit. Und selbst die vom einzelnen auszuführende Arbeit wird williger und besser geleistet, wenn sie in Gesellschaft von Arbeitsgenossen und in gemeinsamem Rhythmus ausgeführt wird. Zur Regulierung zahlreicher solcher Gemeinarbeiten dienen bekanntlich die ungeheuer verbreiteten primitiven *Arbeitsgesänge*, welche beim Marschieren, Rudern, Mahlen, Säen, Ernten, Pilotenschlagen usw. den Arbeitsrhythmus markieren. Ein Überrest aus der Epoche vorherrschender Gemeinarbeit ist auch die unter allen kultivierten Völkern noch verbreitete *Bittarbeit*, welche in den Dörfern zuzeiten außerordentlich dringender oder gehäufter Arbeit hausweise gemeinschaftlich geleistet wird. Denken wir auch daran, daß der Grundsatz der Arbeitsteilung, welcher die feinsten Individualleistungen erst ermöglicht, nur dem sozialen Zusammenleben in der Horde, im Stamm entspringt, und wir werden die soziale Bedingtheit jeder menschlichen Arbeit immer tiefer begreifen lernen.

1. Nährgewerbe.

Die ältesten und umfassendsten aller menschlichen Arbeitsleistungen gelten der Ernährung. Gerade die Nährgewerbe als Jagd, Fischfang, Ackerbau und Baumkultur, endlich die Viehzucht sind in hervorragendem Maße Gemeinarbeit, was sich aufs deutlichste auch darin ausdrückt, daß ihre Erträgnisse lange Zeit, bis auf die Stufen hoher sozialer Entwicklung hinauf, Gemeingut sind. Allen Beobachtern primitiver Stämme ist der Kommunismus, der, mit Bezug auf die Nährmittel, durchgängig herrscht, auffällig gewesen. Er findet seine Rechtfertigung in der Gemeinsamkeit des Erwerbs und der dazu erforderlichen Arbeit.

Die Jagd der Jägervölker ist im eminenten Sinne eine Angelegenheit der ganzen Horde. Wird sie als Treibjagd betrieben, wie unter Buschmännern oder unter Indianerstämmen, so erfordert sie die gesamte Zahl der Stammestruppe; ebenso wenn das Wild durch Feuerlinien, entzündete Steppen- und Waldbrände in Gruben oder aufgestellte Netze getrieben werden soll. Unsere Jagdgesellschaften sind noch der letzte Reflex dieser Verhältnisse. In demselben Maße fast ist der Fischfang ein geselliges Gewerbe. In der Südsee, wo er mit riesenhaften Zug- oder Schleppnetzen zu Schiff betrieben wird, ist ein Fischbeutezug immer eine sorgfältig vorbereitete, mit religiösen Zeremonien eingeleitete Stammesangelegenheit, auf welche die Mannschaft sich entsprechend vorzubereiten hat. So ist ja auch der Aufbruch zu den Jagdzügen unter Jägervölkern eine Stammessache, bei der sich jeder

Fig. 13. Loango-Negerin bei der Feldarbeit, mit Säugling auf dem Rücken. (Nach Dr. Falkenstein.)

einzelne nach der althergebrachten Stammesregel zu verhalten hat.

Zu den unsichern Nährgewerben der Jagd und des Fischfangs, die das Leben nicht allerorten und nicht immer genügend sichern, tritt auf sehr frühen Stufen eine Nährweise hinzu, welche der erhöhten Lebensfürsorge und Voraussicht entspringt. Es ist der Ackerbau. Seine Vorstufen lehrt die Völkerkunde erkennen. Der Mensch erntet manchen Orts, auch wo er nicht gesäet hat. Wo sich von Natur wegen in Steppenländern größere Vorräte von Getreidefrüchten finden, strömen von allen Seiten zur Zeit der Reife nomadische Stämme zusammen, um bis zur völligen Aberntung zu verweilen. Die körner- und beerensuchenden Weiber sind es, welche von solchen Gewohnheiten bis zum selbsttätigen Feldbau, zur Ernte nach der Saat fortgeschritten sind. Seßhaftigkeit ist noch nicht die unmittelbare Folge des jungen Ackerbaus. Vorläufig ist es meist noch flüchtiger Raubbau halbnomadischer Stämme, die, besonders die Männer, zu Jagdzwecken, oder falls sie schon die Stufe der Viehzucht erklommen haben, herdenweidend weiterziehen, wenn die flüchtige Ernte vorüber ist. Nur wo die Jagd und überhaupt die tierische Nährquelle dürftig wird und versiegt, zwingt die Notdurft zu früher Bodenbearbeitung bei seßhaftem Leben, wie unter den Papuas oder manchen Negervölkern Innerafrikas. Dann beteiligen sich auch die Männer an dem gemeinsamen Werk der Feldbestellung, die zumeist mit dem Grabstock oder der Hacke und nur im mittelländischen Kulturkreise unter viehzüchtenden Völkern mit dem Pflug betrieben wird.

Ähnlich durch zahlreiche vermittelnde Zwischenstufen gegangen ist die Viehzucht bei den Hirtenvölkern oder bei solchen, deren Existenz auf die Haltung zahmer Haustiere gegründet ist. Ihr geht die spielerische Zähmung mancher Tiere, die keine Haustiere in unserm Sinn geworden sind, in zahlreichen Fällen voraus. Die Indianer lieben, gezähmte Vögel und Affen in der Hütte zu haben. So ist der Hund, dessen Nutzen verhältnismäßig gering ist, das universellste Haustier seit ältesten Primitivzeiten. Die eigentliche Viehzucht ist überall Sache der Männer und greift dann auf das tiefste in alle privaten und öffentlichen Verhältnisse ein. „Niemals wurden“, sagt Ratzel mit vollem Rechte, „irgendwo in Afrika die Früchte des Feldes in solchem Maße wie die Rinder Grundlage des Lebens, Quelle der Freuden, Maß des Besitzes, Mittel zum Erwerb aller wünschenswerten Dinge, vor allem der Weiber, und endlich sogar Geld (pecunia).“ Ja, die völlige Abhängigkeit vom tierischen Besitz wird nomadischen Völkern nicht selten verhängnisvoll, abgesehen davon, daß sie dieselben zu dauernder Unstetheit verurteilt. Verlust ihrer Herden bedeutet oft den Untergang ganzer Stämme, wovon die Massai und Wagogo Ostafrikas in letzter Zeit ein Beispiel gegeben haben.

Neben der Speisengewinnung hat die Kunst und Fertigkeit der Speisenbereitung ihre langwierige Entwicklung durchgemacht, für welche die Tatsachen der Völkerkunde die Illustrationen liefern. Ganz ohne Zubereitung läßt kaum ein menschlicher Stamm seine Nahrung. „Rohfleischesser“, der Name begegnet in wenigen Fällen allerdings in der Völkerkunde; er wird aber da von höher gesitteten Nachbarn, die ihr Fleisch nur noch zubereitet verzehren, als Scheltname erteilt. Auch in der Zubereitung der Nahrungsmittel drückt sich der Gegensatz von männlichen und weiblichen Nährgewerben deutlich aus. Die Männer braten, die Weiber kochen. Jene machen auf ihrem Gebiet eine Menge Erfahrungen; wie beispielsweise die, durch schnelles und starkes Braten die Salze des Fleischsaftes in höherem Grade zu nutzen; die Frauen werden auf ihrem Gebiet, wo es vorzugsweise gilt, die vegetabilische Kost nahrhaft und annehmlich zu machen, zu Erfinderinnen.

So sind sie unter anderm die Erfinder der Töpferei geworden, die unter primitiven Völkern fast ausschließlich in ihren Händen liegt; nur wo der Tabakgenuß verbreitet ist, hatten auch die Männer ursprünglich Veranlassung, für ihre

Pfeifen den Ton zu formen und zu brennen. Auch die Kunst, giftige oder schädliche Bestandteile der Nahrungsmittel durch die Bereitung auszuscheiden, haben die Völker vielfach lernen müssen. In Zeiten vorausgreifender Fürsorge haben sie für die Konservierung der Nahrungsvorräte sorgen gelernt; die Viehzüchter haben sich den Genuß frischen Blutes zu verschaffen gewußt, ohne das Herdentier zu töten; die Milchwirtschaft stellt ihre technologischen Aufgaben. Auf der andern Seite ist die Breibereitung bis zur Brotbäckerei fortgeschritten, nicht ohne daß der häusliche Kult noch vielfache Erinnerungen an die ältere Stufe zähe erhalten hätte; je nördlicher die Wohnsitze der Völker, desto umständlicher und mühsamer die Zubereitung der Speisen; die Polarvölker oder die Jägerstämme Sibiriens wissen eine unerschöpfliche Menge ihnen eigentümlicher Speisen aus den natürlichen Kostvorräten herzustellen. Von den Würzen der Nahrung, Salz und Zucker, haben wir schon gesprochen.

2. Feuerbenützung.

Der mächtigste Gehilfe des Menschen bei seiner Kulturarbeit ist das Feuer, das er sich zu gewinnen gewußt hat. Dieser ungeheuer folgenreiche Erwerb vollzieht sich im Dunkel der Vorzeit. Es ist nicht zu beweisen, ob das Feuer im Besitz des Menschen ursprünglich aus den natürlichen Feuerherden der Erde, ob es von der Zündung durch den Blitz oder sonst aus seinen natürlichen Quellen stammt. Es ist Allgemeinbesitz der Menschheit. Auf primitiven Lebensstufen wird es noch heute durch Bohren oder durch Reiben mittels zweier ungleich harter Holzstücke gewonnen. Der Holzmehlmulm, der hierbei entsteht, entzündet sich durch die Reibungswärme, und aus einem rasch hinzugebrachten Zunder springt die lebendige Flamme. Durch Reiben eines spitzigen harten Holzes in einer Holzrinne erzeugt man Feuer in Polynesien und in Ostafrika. Verbreiteter ist die Methode, Feuer zu bohren, nach welcher Australneger, Malaien, Südafrikaner, Amerikaner vorgehen. Unter den Malaien ist auch die „Feuerpumpe" verbreitet. Durch Anbringung eines Bogens nach Art eines Drechslerbogens wird die Bohrarbeit außerordentlich erleichtert: Eskimo, sibirische Stämme haben davon Nutzen gezogen. Das Feuerschlagen ist eine jüngere Art der Feuererzeugung, fehlt aber auch sehr tiefstehenden Völkern, wie den Papuas Nordwest-Neuguineas, den Feuerländern, nicht. Metall gebrauchende Völker haben den Feuerstahl.

Den größten und täglichen Nutzen gewährt das Feuer dem Menschen bei der Zubereitung seiner Speisen. Es ermöglicht die Kochkunst in Gefäßen aus Holz, Rohr, Stein oder Ton, wobei vom Ausschmieren geflochtener Rohrkörbe mit Ton die älteste Keramik entspringt, oder das Kochen mit heißen Steinen, das vielfach im Brauch war und noch immer ist. Es gab Wärme und Licht dem Hause, und im Herd ihm einen Mittelpunkt. Es half die Waffe härten und den Stein zersprengen zur Bereitung der Werkzeuge; es verscheuchte das Raubwild und die Geister der Nacht. Die Schwierigkeit, es auf Wanderzügen oder bei nasser Witterung neu zu erzeugen, führte zu seiner eifrigen Erhaltung. Die wandernden Australweiber tragen in der Hand häufig den glimmenden Feuerbrand. Oder das Feuer wird geliehen, wie noch in späteren Zeiten, unter Kulturvölkern, die Hausfrauen Feuer leihen gehen und die Städteverordnungen auch dies Bedürfnis regeln. Noch immer ist deshalb eine Schachtel mit Zündhölzern ein königliches Geschenk für die Kinder der Unkultur.

3. Gewerbliche Fertigkeiten.

Die gewerbliche Tätigkeit der Völker richtet sich einerseits nach ihren Bedürfnissen und steht andererseits im engsten

Zusammenhang mit der Naturausstattung ihres Gebietes und ihrer davon abhängigen Wirtschaftsform. So ruft das Kleidungs- und Schmuckbedürfnis bei Jägerstämmen auf Grundlage der Art ihrer Beute andere Fertigkeiten hervor, als das gleiche Bedürfnis bei Ackerbauern oder Fischern, die mit anderen Naturstoffen arbeiten müssen. Ebenso ist es beim Hausbau, dessen Material ja ebenfalls zum größten Teil von der Naturumgebung der Völker abhängt. Die Fertigkeit des Flechtens und Webens, des Filzens und der Lederbereitung, die Kunst, Rindenstoffe zu erzeugen, Färberei und Wirkkunst, das Netzen und Nähen sind auf primitiven Stufen, soweit es sich um die Herstellung der Kleidung handelt, noch Allgemeingut des Stammes, und nur zwischen den Geschlechtern zeigen sich stetige Formen der Arbeitsteilung. Beim Hausbau, der vielfach Aufgabe der Weiber ist, sind keineswegs die schwierigsten Arbeitsleistungen in den Händen der Männer; die Holzarbeit indessen, wobei mächtigeres Werkzeug erforderlich ist, erscheint meistens als Männerwerk. Die zeitraubenden und mühsamen Arbeiten, welche die Ausfertigung des Schmuckgeräts verlangt, fallen nicht selten den alten Leuten des Stammes zu, die zum mühsamen Kampf ums Leben untauglich geworden sind. Die feinere Ausführung, die sorgfältigere Zubereitung aller Gebrauchsdinge, welche nicht selten die Häuptlingssachen, den Besitz der führenden Persönlichkeiten, ihrer Frauen und Kinder kennzeichnet, wie unter den Maori Neuseelands der Fall, rührt nicht immer von ihrer größeren Macht über den Fleiß anderer, sondern vielfach von ihrer eigenen gesteigerten Betriebsamkeit her. Frühzeitig kommt es neben dem Hauswerk, das für die eigenen Bedürfnisse bestimmt ist, auch zur Erzeugung von Arbeitsüberschüssen, die zum Warentausch bestimmt sind. Solche Hausindustriearbeit tritt zunächst nur in der Form von Stammesgewerben oder Ortsgewerben auf (Kanoe-, Ruder-, Lanzen- oder Pfeilarbeiter, Schmiede, Fischer, Töpfer, Salzerzeuger, Fährleute usw.). Auf dem Umweg durch die Störarbeit, die auch bei den primitiven Völkern bereits bekannt ist, kommt es dann endlich zur Ausbildung des wirklichen Handwerkes, wobei dasselbe zunächst im engeren Zusammenhang mit dem Häuptlingswesen und den Hofhaltungen der Mächtigen (in Europa ursprünglich auch der Kirche und der Klöster) erscheint.

4. Werkzeug und gewerbliche Stufen.

Die Urgeschichte scheidet die Entwicklungsstufen der Menschheit nach dem Vorwalten des Materials, aus dem die Gerätschaften, Werkzeuge und Waffen eines Volkes hergestellt sind. Ihrem Schema: „ältere und jüngere Steinzeit, Bronzezeit, Eisenzeit" hat die Völkerkunde ein weit mannigfaltigeres Bild entgegengesetzt. Auch sie kennt Völker und Stämme, die sich noch auf der Stufe der undurchbohrten und ungeschliffenen Steinwerkzeuge befinden, und wieder andere, welche mit ihrem sauber polierten Steingerät der jüngeren Steinzeitstufe zuzurechnen sind. Aber die Tatsachen sprechen dabei vielfach für eine ganz andere Terminologie. Holz, Rohr, Muschel und Bein spielen neben dem Stein eine weitaus bezeichnendere Rolle, und man könnte in der Völkerkunde wohl mit einigem Recht auch von einem Holzzeitalter oder einem Muschelzeitalter sprechen. Vor allem charakteristisch ist für diese prähistorischen Kulturentwicklungen die völlig andere Ökonomie der Zeit. Sie stecken in Arbeitsweisen, welche in metallischer Kulturzeit als viel zu mühsam und zeitraubend längst aufgegeben sind. Die Ursache hiervon ist die Eigenart des Werkzeugs, welches bei relativer Vollkommenheit doch sehr Ungenügendes leistet. Zähigkeit, Geduld und Überfluß an Zeit ersetzen dabei, was den Werkzeugen abgeht. Indessen ist zahlreichen Völkerkreisen der Halbkultur die Verwendung der Metalle durchaus nicht fremd. Amerika kennt im Norden den Gebrauch von Kupfer, allerdings ohne Schmelzkunst; man hat in Südamerika Kupfer, Bronze und die edlen Metalle in Verwendung gezogen. Afrika ist mit geringer Ausnahme seiner tiefstehenden Völker durchweg ein Eisenland, in dem die Schmelz- und Schmiedekunst in hoher Ausbildung steht. Ebenso ist der malaiische Völkerkreis zum größten Teil im Besitz der Metalle, wobei freilich vermutet werden darf, daß ihm die Kunst der Metallverwendung aus der indischen Kultur zugekommen sei.

Von dem Prinzip der „Organprojektion" bei der Entstehung und Ausbildung der Werkzeuge ist in dem Bändchen „Urgeschichte" von Prof. Dr. M. Hoernes S. 27 ausführlich gehandelt. Indessen ist daran zu erinnern, daß der Mensch durch die Maschine (Keil, Rolle, Schraube, Rad) frühzeitig gelernt hat, über dies Prinzip hinaus durch kompliziertere Mechanik gleichsam übermenschliche Arbeit zu leisten. Eine solche Erfindungsreihe über die Organprojektion hinaus ist die technologische Ausnutzung des Feuers oder des Wassers, eine solche auch die mannigfaltige Verwendung der Gifte (Pfeilgift, Vergiftung der Fischwässer usw.) und anderer chemischer Vorgänge (bei der Bereitung der Gespinstfasern, beim Gerben, Brauen usw.). Mit der Erfindung der höheren Maschinen — zu denen unter anderen auch die Verkehrsvehikel: Wagen und Schiff zählen — leitet sich dann überall und auf allen Arbeitsgebieten der eigentliche technologische Kulturfortschritt ein.

III. Die Gesellschaft.

Wo immer Menschen leben, finden wir sie in bestimmten Verhältnissen mit anderen ihresgleichen in kleineren oder größeren, natürlichen und konventionellen Verbänden eingeschlossen. Der Mensch ist ein Gesellschaftswesen in ausgezeichnetem Sinne. Außer den von der Natur gesetzten einfachsten Beziehungen von Eltern, Kindern und Geschwistern untereinander schafft die Blutsverwandtschaft nach beiden elterlichen Linien, schafft das materielle Zusammenleben in der Horde, und zumal der gesellige Trieb der Männer, Zusammenhänge verschiedensten Umfangs. Die einen, auf Verwandtschaft beruhenden Beziehungen und Verhältnisse ergeben den Stamm, die anderen, auf Beispiel, Kameradschaft und Zwang beruhenden haben am Ende einer fast unabsehbaren Entwicklung den Staat hervorgebracht. Jener gründet sich auf das Verwandtschaftsverhältnis, dieser auf politische Macht und politisches Recht. In diesem Zusammenleben doppelter Art erzeugen die geselligen Menschen eine Reihe von Schöpfungen sozialer Art, die wir als soziale Funktionen bezeichnen können. Solche sind die Sittlichkeit, das Recht, das Eigentum, Güter, die durch die Stammesrechte geschützt werden, mit dem Hervortreten geselliger Entwicklung jedoch immermehr auf den Boden des Staates hinüberführen.

Stammbildung und Stammesverfassung ist das Kennzeichen primitiver Organisationen, Staatenbildung und staatliches Wesen charakterisiert die höher gestiegenen, geschichtlich werdenden Völker. Enge und tiefgreifende Zusammenhänge dieser Dinge mit dem Wirtschaftsverhältnis der Völker treten immer mehr zutage. Das ruhige, stetige Ackerbauleben ist der günstige Boden, auf dem sich das Stammeswesen nach allen seinen Richtungen vollkommen auszubilden vermag; die politische Kraft wandernder Herdenbesitzer, der Nomadismus überhaupt, begünstigt die Bildung staatlicher Organisationen auf dem Grunde unterjochter Stämme. Immer sind in kraftvollen Vorstößen stramm organisierter Hirtenvölker staatliche Herrschaften von größerer oder geringerer Flüchtigkeit begründet worden; so auf amerikanischem Boden in Mexiko oder Peru, so in Süd- und Ostafrika, wie das gleiche Schauspiel in Indien oder Vorderasien zu wiederholten Malen zu beobachten ist.

Familie und Stamm.

Die Grundlage aller Stammesbildung ist die Familie. Die Form derselben ist unter den verschiedenen Völkern bekanntlich durchaus nicht immer eine und dieselbe. Die natürliche Familie, wie wir sie auf Grund der Eheinstitution kennen und verstehen, aus dem Elternpaar und seinen Kindern bestehend, ist eine verhältnismäßig sehr junge Form, die sich nur unter Kulturvölkern aus anderen, größeren und unförmlicheren Familienverbänden losgelöst hat.

Eine sehr verbreitete Ansicht setzt an die Anfänge der menschlichen Familie den Hetärismus, den ungebundenen Geschlechtsverkehr in der Horde. Dieselbe stützt sich auf gewisse Nachrichten der Völkerkunde und Geschichte, die indessen zumeist nur Zeugnisse der freien Liebe unter der unverheirateten Jugend neben der Ehe sind, auf das Bestehen der Weiberlinie, die so ziemlich überall vor dem Eintreten des Vaterrechts ihre Gültigkeit besaß oder noch besitzt. Wo nur die Abstammung nach der Mutter gilt und in Namen, Stand, Freiheit oder Unfreiheit, Erbgang und Verwandtschaftsberechnung zum Ausdruck kommt, dort muß eben, so schließt man, der Vater unauffindbar sein, mit anderen Worten, dort herrschte eben Promiskuität. Daß dieser Schluß auch falsch sein könnte, legt uns die gegenwärtig herrschende Vaterlinie nahe. Läßt sie denn etwa auf Unbekanntschaft der Mutter schließen? Die höher stehenden Tiere paaren sich alle in Zeitehen, und der Mensch mit seiner eifersüchtigen Natur sollte sich keine Wahl gestattet haben? Eheliche Paarung in der Horde, freilich ohne jede Gewähr der Beständigkeit, dürfte also nach den besten wissenschaftlichen Gründen die Regel in den Anfängen der Familie gewesen sein.

Es gibt nun zwei große Systeme der Einordnung des Individuums in größere Verbände, welche für ihre Zeit die Würde und den Namen der Familie ausschließlich usurpiert hatten. Sie folgen im großen und ganzen geschichtlich aufeinander, ohne doch überall im Volksleben sich ganz pünktlich und gesetzmäßig zu gleicher Frist abzulösen.

Jene zwei großen Verwandtschaftssysteme sind als die mutterrechtliche und die vaterrechtliche Familiengruppe bekannt. Wie das Steinzeitalter dem Gebrauch der Metalle vorhergeht, so ist das mütterliche System, die Blutsverwandtschaft durch den Mutterschoß Zeichen einer hohen Altertümlichkeit, die später vor der Ordnung der Vaterherrschaft weichen muß.

Seltsam genug ist das Schicksal der natürlichen Familie in der Familienorganisation der Mutterzeit. Die Mutter gehört ihrem Stamm zu, lebt mitten unter ihm und sieht ihre nächsten Verwandten nicht im Vater, sondern in ihren Brüdern und den Brüdern ihrer Mutter. Ihr Kind gehört nicht ihr, noch weniger ihrem Gatten, sondern ihrer Familie; der Mann bleibt unbekannt außerhalb der Türe dieser Familie.

Das Völkerleben spiegelt in Afrika wie unter Indianern oder Malaien diese fremdartigen Familienverhältnisse in eigentümlichen Lebensbildern wider. Wir wissen von Stämmen, wo der Mann wie eine Art Sklave ins Haus der Frau tritt, dort niedrige Dienste verrichten muß und von seinen Kindern nie als ihr Vater angesehen wird. Wir wissen von anderen Fällen, wo der Mann überhaupt nie zu seiner Frau ins Haus zieht, sondern ihr nur gelegentlich Besuche abstattet. Es trübt aber die klare Auffassung solcher Verhältnisse gar sehr, wenn solche Familiensatzungen mit einem Wort Strabos als Gynäkokratie, d. h. Weiberherrschaft, bezeichnet werden, als hätten jemals irgendwo in der Vorzeit die Frauen im Hause geherrscht und die Männer unter ihrer Gewalt gestanden. Die menschliche Gesellschaft ist immer von den Männern gelenkt und gesichert worden, wenn sie auch nach der Mutter als der Spenderin des Blutes ursprünglich gruppiert war.

Wie das Metall den Stein, so verdrängt die Organisation nach dem neuen Grundsatz der Vaterherrschaft die altertümliche Familiengruppe der Mutterfolge. Gewiß ist dieser Wechsel nicht umsturzartig auf einmal erfolgt; es ist vielmehr ein allmähliches Einsickern des neuen Grundsatzes zu beobachten. Die kräftigeren, aktiver auftretenden Völker haben diesen Wechsel früher vorgenommen. Er hat sicher, wie die Muttergruppe, beim Individuum begonnen, hat Nacheiferung erweckt und ist allmählich herrschend geworden. Es begann mit der Besitzergreifung des Weibes durch Raub oder Kauf. Nun wird die Familie das, was einem Herrn gehört, was unter einem Vater steht. Das Prinzip der Vaterfamilie ist nicht mehr das Blut, sondern die Macht. Nur muß man berücksichtigen, daß die leibliche Vaterschaft und das Hausvatertum ursprünglich zwei ganz verschiedene Dinge sind. Da Kinder Macht und Reichtum verleihen, ist es der natürliche Wunsch des Hausvaters, möglichst viele Kinder zu haben. Sie alle auch zeugen zu wollen, fällt ihm nicht ein.

Sowohl die Familienorganisation der Mutterfolge, wie die patriarchalische Familiengruppe treffen wir gegenwärtig und geschichtlich in einem gewissen Typus der Lebens- und Wirtschaftsführung an. Es ist dies der Typus der Hausgenossenschaft oder Hausgemeinschaften. Sie sind eine gänzlich universelle Erscheinung. Wir finden sie sowohl bei Indianervölkern, als im malaiischen Archipel, auf den Inseln der Südsee wie bei den Urvölkern Indiens. Wir finden sie noch heutzutage in China und Japan, und in ganz Hochasien, bei den Basken so gut wie bei den Kabylen; und es gibt kein Volk der indoeuropäischen Völkergruppe, bei dem sie sich nicht als Ausgangspunkt aller späteren Familienorganisationen nachweisen ließe. Selbst bei Nomadenvölkern findet sich diese Bildung bereits in schärfster Ausbildung, z. B. in der Kralgenossenschaft der Kaffern. Der allgemeine Charakter einer solchen Hausgenossenschaft ist der, daß sie eine Gruppe blutsverwandter Personen darstellt, welche unter einem tatsächlich anerkannten, gewählten oder erblichen Familienoberhaupte stehen, einen gemeinsamen Haushalt und eine gemeinsame Wirtschaft führen, ein gemeinsames Hausvermögen besitzen, aus welchem die Bedürfnisse der Hausgenossen bestritten werden. Regelmäßig ist sie auch durch einen Ahnenkult mit Vorfahren und Nachkommen zu dauernder Gemeinschaft verknüpft und es stehen alle Genossen in einer weitgreifenden Rechtsverantwortlichkeit, sowohl nach blutrechtlicher, wie nach vermögensrechtlicher Seite. Solche Hausgenossenschaften können sich aus einem Grundstock mutterrechtlich oder vaterrechtlich verbundener Personen zusammensetzen. In beiden Fällen können sie mehrere Generationen umfassen. Sie nehmen alle zugleich in zahlreichen Formen der künstlichen Verwandtschaft und der Schutzgenossenschaft fremde Personen in sich auf, so daß eine solche Hausgenossenschaft schon mehr einem kleinen Staatswesen als einer Familie in unserm heutigen Sinn ähnlich ist.

Gesellschaft und Staat.

Die Mitglieder einer Familie, einer Horde oder eines Stammes stehen außerdem, daß sie sich in bestimmten verwandtschaftlichen Verhältnissen und Beziehungen zueinander befinden, auch als Glieder einer Lebensgemeinschaft mit gemeinsamer Wirtschaft, mit gemeinschaftlichen Arbeiten und Zielen zueinander in Beziehung. Diese nicht auf der Verwandtschaft beruhende Gliederung der Gesellschaft geht hauptsächlich von den geselligen Trieben der Männer aus. Es herrscht ein auffallender Gegensatz im Verhalten der Geschlechter zur Gesellschaft und in ihrer Teilnahme an derselben. Während das Weib überall unter dem Einfluß der Geschlechtsliebe, von der ihr Leben mehr ausgefüllt ist, als das des Mannes, auf dem Boden der hieraus entspringenden verwandtschaftlichen Organisation verharrt, ist der Mann der Schöpfer und Vertreter aller Arten des rein geselligen Zusammenschlusses und damit aller höheren (politischen und religiösen) Verbände geworden. In den weitverbreiteten Männerverbänden, wozu die Einteilung nach den Altersklassen, die klubartigen Vereinigungen, die Geheimbünde und Mysterien usw. gehören, haben wir so zunächst die eigentlichen Träger fast aller wirklichen „gesellschaftlichen" und politischen Entwicklung zu erkennen. Wenig bedeutet diese noch bei den herumstreifenden Jägerhorden Australiens oder Brasiliens und andern Verbänden solch tiefer Lebensstufe. Aber auch diese bedürfen in kriegerischen Zufällen oder auf gemeinsamen Jagden eines Anführers; sie bedürfen in Krankheit und anderem Ungemach eines Zauberers oder Medizinmannes. Die Altersstufen in der Horde bringen von selbst natürliche Gliederungen der kleinen Gesellschaft zuwege; die Verheirateten bilden eine Gruppe, die Junggesellen eine andere, die alten Männer eine dritte. Auch das immer mannigfacher gegliederte Erwerbsleben im Stamme schafft solche Gruppen. In dieser Weise sind eine Anzahl Keime der gesellschaftlichen Gliederung des Gemeinwesens gegeben, die auf höheren Lebens- und Wirtschaftsstufen sich noch vermehren und zu deutlichen Einrichtungen auswachsen.

Die großen Jagd- und Fischervölker treffen wir schon mit ausgebildeterem Häuptlingswesen und geordneten Rechten der Stammesmitglieder an; die Macht der gewählten oder erblichen Führer ist beschränkt durch den Rat der

Alten (der Sippenhäupter) oder die Beschlußfassung des Stammes nach feierlicher Beratung, wobei Rede und Gegenrede in wohlgeordneten Formen ertönen. Hirtenvölker finden wir meist unter patriarchalischen Häuptern; denn die Herden sind bedeutungsvolles Eigentum, welches wie jeder wirkliche Besitz Macht und Einfluß verleiht. Wo aber Besitz ist, ist immer auch ungleicher Besitz und damit ungleiche Macht. Die Hirtenvölker mit solcher zur Despotie hinneigenden Verfassung sind zugleich auch eroberungslustig, weil wanderlustig. Es gilt, neue Herden zu erbeuten, neue Weideplätze für den lebenden Besitz zu erstreiten, und bei solcher kriegerischen Haltung ist die stramme politische Organisation mit despotischer Spitze unumgänglich geboten. Mit der Gewöhnung an Seßhaftigkeit und Feldarbeit tritt eine neue Art von Mitgliedschaft der menschlichen Gesellschaft auf.

Der Sklave wird durch seine Arbeitskräfte, durch seine Gebundenheit an die Scholle von Wert und Wichtigkeit. So wird es unter ackerbautreibenden Stämmen üblich, die Kriegsgefangenen nicht mehr in sinnloser Rache oder der Leckerei wegen zu schlachten, sondern sie für die Gemeinschaft, für die harte Arbeit zu sparen; die Sklavinnen sind überdies zu anderen Zwecken wertvoll. Der Sklavenraub entsteht; und die lebende Beute wird bald zu einem begehrten Handelsartikel, wobei ihre Nachkommenschaft eine schöne Verzinsung des Kapitals darstellt. Afrika ist das klassische Land der Sklaverei, wo man ihre Formen und Bedeutung für das Völkerleben am deutlichsten ersehen kann.

In der gesellschaftlichen Wirkung naheverwandt sind den Sklaven jene niedrig geachteten und niedrig gehaltenen Bevölkerungsteile, die wir fast in jedem höher gediehenen Volke Asiens und Afrikas antreffen. Nicht immer sind es ethnische Differenzen, die eine derartige Unterordnung begründen und befestigen. Die höchste Ausbildung finden solche Verhältnisse in geregelter Kastenordnung, wie das bekannte brahmanische Gesellschaftssystem ein solches darstellt.

Hier liegt zugleich die Entstehung des Adels. Der Gegensatz von Freien und Unfreien, von höherer und schlechterer Geburt erzeugt ihn. Er findet sich bereits unter Negern, im Kongogebiet wie in Zentralafrika, er ist unter Malaien wie unter Polynesiern in sorgsamer Ausbildung und Respektierung vorhanden; im Nordwesten Nordamerikas, wo Sklaverei herrscht, ist auch der Adelstand entwickelt, und selbst unter den Jägerstämmen der Union wie Südamerikas finden sich adlige Stammesunterschiede in Verbindung mit einem ausgebildeten Wappenwesen vielfach betont. In den Kulturdespotien der Neuen Welt bildet der dynastische Geburtsadel eine Stütze der Throne.

Eine besondere Gliederung der Gesellschaft wird vielfach auch durch Geheimbünde bewirkt, die in Verbindung mit religiösen Weihen und dem Maskenwesen stehen und gesellschaftliche Funktionen zu stützen bestimmt sind. Sie sind fast überall zu Hause, und setzen sich schattenhaft auch in die neuere Staatenordnung der Kulturvölker fort.

Allmählich und in wechselnden Formen, wie die Gesellschaft im Stamm, wächst der Staat über dem Stamm. Anfangs nur in kleinstem Umfang vorhanden, in wenigen Beziehungen und Gewöhnungen bestehend, wird er im Hirtenleben unter patriarchalischer Leitung mächtiger. Er erfährt durch Verbindung mit dem entstehenden Priestertum eine bedeutende Stärkung. Die primitiven Staaten sind fast durchweg theokratisch. Der Handel wird zur Stütze staatlicher Gewalten, und die Kleinstaaterei der Unkultur und Halbkultur begünstigt gar sehr die Brandschatzung des Waren- und Personenverkehrs. Wie die kriegerischen Angelegenheiten des Gemeinwesens von jeher, nimmt der Urstaat allmählich auch die Ordnung des Rechtes und des friedlichen Zustandes im Innern in die Hand. Immer aber ist in Erinnerung zu behalten, daß die staatliche Gewalt als solche sich überall zunächst nur in die Lücken festsetzen kann, welche die Stammesordnung und -Sitte übrig lassen, und von diesem schmalen Boden aus, in hundert Rückfällen und Kämpfen, auf das Gebiet übergreifen kann, auf welchem wir den Staat heute herrschend sehen. Nicht aus dem Bewußtsein nationaler Zusammengehörigkeit, das heute die Staaten bildet, sondern aus wachsender Beherrschung des einzelnen sind die Staaten der meisten Völker hervorgegangen. Für den europäischen Völkerkreis hat der Römer, indem er inmitten des Chaos der damaligen Staatsversuche seinen bis ins feinste ausgebildeten Staat aufrichtete, den Staat für alle Zeiten errichtet.

Eigentum und Recht.

Die Völkerkunde weist uns von primitiver Lebensstufe aufwärts ein eigentümlich doppeltes Verhalten der Menschen in moralischer Hinsicht nach. Unter sich, in der kleineren oder größeren Gemeinschaft, der sie angehören und verpflichtet sind, sind sie andere Menschen, als außerhalb dieser Gemeinschaft, im Verkehr gegen Stammfremde oder gegen den Weißen. Nur innerhalb der Familie und des Stammes gibt es Sittlichkeit, gibt es Recht, Eigentum und Gesetz. Die ganze übrige Welt, beim Nachbar, beim nächsten Dorf beginnend, ist dem „Wilden" vogelfrei. Demgemäß befindet sich ursprünglich jede kleine Kommune überall in fortwährendem Kriegszustand nach allen Seiten, ein Stamm kämpft mit dem anderen, ein Dorf mit dem anderen. Im Schoße dieser größeren oder kleineren Gruppen allein herrscht Friede und Kulturzustand; die Blutsverwandtschaft ist die erste Bändigerin der gewalttätigen menschlichen Instinkte.

Wir beobachten in lehrreicher Weise dieselben Verhältnisse bis zur Tierwelt herab, deren Leben sich in gesellschaftlichen Formen abspielt. Unter den geselliglebenden Ameisen herrscht dieselbe Doppelart der Behandlung: die demselben Neste angehörenden Mitglieder werden geschont, geschützt, sozusagen auf das humanste behandelt; während die fremde Ameise mit der größten Erbitterung verfolgt, ausgestoßen, mißhandelt und gemordet wird. Diese Ameisenmoral tritt auch in den Anfängen des geschichtlichen Lebens der europäischen Völker mit ihrem dualistischen Gegensatz hervor. So beruhte noch das Verhältnis der griechischen Stämme zueinander auf der Idee gänzlicher Rechtlosigkeit[1]). Für den Römer waren die Grenzen des Staates auch die Grenzen seiner Humanität.

Der Fortschritt von den unseligen Verhältnissen dieser dualistischen Moral bestand im wesentlichen darin, daß die Gemeinschaften, innerhalb deren Rechtszustand und sittliche Ordnung herrschte, immer größeren Umfang gewannen. Zuerst ist es die Familie, die sich zur Großfamilie erweitert, dann die Sippe, der Stamm, das ganze Volk, über welches das Sittensystem sich ausspannt, die Verhältnisse der Mitglieder gegeneinander regelnd und ihre Instinkte bezähmend, während der jeweilig Außenstehende recht- und schutzlos bleibt, als Feind, dem gegenüber alles recht und erlaubt ist.

Parallel mit der Zusammenschweißung dieser kleineren und größeren Gemeinschaften zu großen Reichen und Staaten ging in praktischer Hinsicht die gegenseitige Verfriedung und rechtliche Verbrüderung ihrer Mitglieder vor sich. Diese Entwicklung spiegelt sich auch in der Geschichte der Grußformen wider, welche zumeist abgekürzte Symbole gegenseitiger Verfriedung darstellen und mitunter zu so absonderlichen Zeremonien, wie der Nasengruß der Maori oder der Tränengruß der Indianer, geführt haben. Unsere Kultur ist in dieser

[1]) Vgl. Sammlung Göschen Nr. 16: Griech. Altertumskunde § 64.

fortwährenden Entwicklung und Erstarkung des Völkerrechts heute glücklich beim sogenannten „bewaffneten Friedenszustande der Großstaaten" angelangt, die mit ihrer gegenwärtigen Politik des Mißtrauens wie zwei Wilde der Urzeit einander gegenüberstehen, jede Bewegung des anderen gespannt bewachend, immer bereit, loszuschlagen, wenn es nicht anders sein kann.

Der Eigentumsbegriff erwächst somit im Schoße wie im Schutze der Familie und der Sippe. Wir müssen dabei zwischen Privateigentum und Gemeinbesitz unterscheiden. Das erstere entwickelt sich an den persönlichen Gebrauchsdingen des Individuums, an seiner Waffe, seinem Werkzeug, seiner Kleidung, seinem Schmuck; das Gemeineigentum ist das Ergebnis gemeinsamer Arbeit, genossenschaftlicher Leistungen. Die Nahrungsvorräte, die das Ergebnis der gemeinsamen Jagd- oder Fischzüge oder der Feldbestellung durch die Familienmitglieder sind, gelten demgemäß vielfach als Gemeinbesitz, wie das von allen Bewohnern erbaute Haus, wie die Weide- und Futterplätze für die Herde oder die Ackerstücke zum Feldbau. Jagd- und Fischergründe wurden von den einzelnen Horden und Stämmen sogar als ihr Besitz in Anspruch genommen, wie der Ackerboden von feldbestellenden Völkern. Mit ihrer Usurpierung durch Fremde ist der Streit- und Kriegsfall gegeben.

Nicht zum wenigsten zum Schutz des allmählich entwickelten Eigentums, das den persönlichen Besitz des einzelnen, seinen Anteil am Gemeinbesitz, das Weiber und Kinder und Sklaven umfaßt, und ebenso zum Schutz und zur Sicherung von Leib und Leben der Stammesgenossen tritt im unsicheren Dasein der Wildvölker allmählich erstarkend die Rechtsordnung auf, welche die Übeltat rächt und das Stammesgesetz aufrecht erhält. Die Völkerkunde hat den Ursprung der Strafe in der grausamen Rache, im Instinkt der blutigen Wiedervergeltung des Naturmenschen erkannt. In der Tat ist der Urkeim aller Strafgesetzgebung in dem barbarischen Rachedurste des primitiven Zöglings der Natur gelegen. Alle primitiven Völker zeichnen sich durch Rachsucht aus, und diese Rachsucht ist eine Charaktereigenschaft, welche von großer Bedeutung für die Sicherung des Individuums sowohl wie der sozialen Gruppe wurde. Daher verhöhnen die australischen Frauen den Mann, welcher sich nicht gerächt hat; sie sind hier die Stimme der öffentlichen Meinung, welche in wohlverstandenem Interesse der Gemeinschaft auf dieser Kulturstufe die Rachsucht als die erste Tugend von jedem Manne forderte. Aber die Rache ist blind, wenigstens in den Anfängen des geselligen Lebens. Die Völkerkunde verzeichnet die schwer verständliche Tatsache, daß nach einem Morde von den Rächern in bestialischer Weise der nächste beste Unschuldige als Opfer getötet wird, als eine häufig beobachtete Racheform. Es ist der Rachezorn des Kindes, das um sich schlägt, wenn es Schmerz empfindet. In der Sitte vieler Völker, dem Verstorbenen Totenopfer zu schlachten, ist wahrscheinlich noch ein Überbleibsel jener ältesten und primitivsten Racheübung der Menschheit erhalten.

Inzwischen hat sich überall frühzeitig die früher besprochene Doppelart des Rechtes herausgebildet und damit eine sehr verschiedene Verfolgung des Unrechts. Eine Gewalttat, innerhalb der eigenen Horde, des eigenen Stammes begangen, rief ganz andere Racheempfindungen und infolge davon auch andere Rachehandlungen hervor, als Beleidigung und Verbrechen an Stammfremden.

Jene sind die Urformen der eigentlich verbrecherischen Handlung und führten in ihrer Abwehr zur geregelten Sühnhandlung durch das Gemeinwesen; diese sind den völkerrechtlichen Streitfällen gleichzuachten und führten zum Kriege. Das Unrecht innerhalb des Stammes führt zur Entwicklung des Gerichtswesens, die Racheform zwischen Stammfremden ist die Blutfehde.

Es ist nun von höchstem Interesse, zu beobachten, wie in der primitiven sozialen Gruppe das Strafbegehren als eine sittliche Forderung der Gemeinschaft allmählich emporwächst, wie die Privatrache, die ursprünglich sonst niemand bekümmert, in eine Stammesangelegenheit überzugehen beginnt; wie sie dort, wo ihre Auswüchse die innere Festigkeit des Stammes bedrohen und untergraben, eingeschränkt wird, zur Urform des Duells, das keineswegs, wie oft unter uns behauptet wird, aus einem Gottesurteil hervorgegangen ist, sondern eine alte Form der geregelten Privatrache darstellt, bis zur unschädlichen Abschwächung in den Singkämpfen der Eskimo oder dem Schnadahüpflstreite unserer biederen Älpler.

Erst sehr allmählich verwandelt sich die Kommunalabwehr gegenüber dem Verbrechen in die Form einer staatlichen Strafe. Diese tiefgreifende Veränderung, welche ein Verbrechen, das heißt einen gewaltsamen Widerspruch gegen die Stammessitten, für das moralische Gefühl auch Unbeteiligter zu sühnen unternimmt, kann wohl nicht bloß der Entwicklung größerer Gemeinwesen, auch nicht der Kräftigung einer Herrschergewalt als einer richtenden und zwingenden Autorität zugeschrieben werden, obwohl diese beiden Bedingungen allerdings durchaus nötig waren. Die staatliche Strafe empfängt ihren eigentlichen Charakter von ihrem Gefühlswerte als Zuchtmittel.

Aber wie konnte sich Zucht einstellen, da sie doch ursprünglich dem freien Menschen vollständig gefehlt hat? Die Völkerkunde sieht ihre möglichen Quellen in verschiedenen Verhältnissen, von wo sie auch in andere ausgeführt sein mögen. Die elterliche Gewalt über die Kinder, die männliche über die Frau, die des Herrn über die Sklaven, des Führers im Kriege über seine Schar — das ist die primitive Schule der

Zucht und Ordnung für das Menschengeschlecht gewesen, und der Staat ist hier nur glücklicher Erbe wie in vielen anderen Dingen. Außerdem erwächst ihm in seiner Mission einer strafenden Autorität ein mächtiger Helfer in der Religion, welche überall die Heiligkeit der Stammesregeln — und die sittlichen Gesetze sind überall ursprünglich solche — erhöht, mit göttlichen Strafandrohungen die weltlichen Diszipliniermittel unterstützt und so den Abscheu vor dem Verbrechen als Sünde noch vertieft.

Der Handel.

Eine der bedeutungsvollsten Formen des Verkehrs innerhalb des Stammes, wie besonders zwischen verschiedenen Stämmen, ist der friedliche Austausch der Waren durch den Handel. In seinen Keimen treffen wir ihn als stummen Tauschhandel; bald indessen faßt er Mut und Kraft und geht, namentlich begünstigt von den Frauen, zwischen den Streitigkeiten der Menschen seinen friedlichen Weg. Sowohl der einzelne Händler, wie ganze Verbände und Sippen treten in allmählicher Entwicklung des Warentausches auf, der in manchen Übergangsformen (Reisehandel, Zwischenhandel, Markthandel) umfassenderen Bereich und größere Sicherheit und Regelmäßigkeit gewinnt. Bald ist es tönernes Geschirr, bald Strickwerk und kunstvoll geflochtene Segel, wie unter den Völkern der Südsee, bald Farberde und begehrtes Gewürz, wie Salz oder Zucker, das zum Tauschhandel lockt; die Besitzer von Steinbrüchen, wo Steinwaffen und Steingerät gebrochen werden, vertreiben ihren Überfluß im Handel, wie von südamerikanischen Völkern berichtet wird; und so hat denn fast jedes Völkergebiet seine überschüssigen Werte, mit denen es die Waren zahlt, die es selbst entbehrt und benötigt, und wären es seine eigenen Kinder, wie es in Afrika so vielfach der Fall ist. Es ist hier nur noch nötig hinzuzufügen, daß kein Faktor zur Entwicklung politischer Macht und früher Staatenentwicklung mehr beigetragen, als der Handel.

Zum Austausch der verschiedenartigsten Waren, welche die Völker zu Markte bringen, bedarf es eines Wertmessers, wie wir ihn in unserem Gelde besitzen, dessen zwei Formen, Binnengeld und Außengeld, auch bereits unter den Primitivvölkern sich entwickelt haben. In der Tat begegnen wir primitiven Formen des Geldes schon auf sehr rohen Stufen des menschlichen Daseins. Es steht hier dem wirklichen Gebrauche noch sehr nahe, ist zum großen Teil noch wirklicher Gebrauchsgegenstand. Das „Viehgeld" herdenbesitzender Völker ist bekannt; im lateinischen Namen des Geldes (pecunia) ist die Erinnerung daran festgehalten. Aber wirkliches Geld ist heute noch Salz, zu bestimmten Kuchen geformt, das im nördlichen Afrika als Münze kursiert, Geld ist der Ziegeltee in den Hochländern Asiens, der Mongolei und im inneren China; als Scheidemünze läuft die Kakaobohne in S. Salvador, Costarica und Nicaragua um, und der Teufel des unglücklichen Käufers, das Opium, beherrscht den malaiischen Archipel als beliebteste Geldsorte. Gleich nahe dem unmittelbaren Verbrauch steht eine andere primitive Geldsorte, das Kleidergeld. Es sind dies Stoffe oder Zeuge, die im Völkerleben vielfach Kaufkraft besitzen. Das bekannteste Beispiel hierfür sind die im ganzen afrikanischen Handel so unentbehrlichen Zeuge, die übrigens auch in unserer eigenen Vergangenheit als Zahlungsmittel eine Rolle gespielt haben. Außerdem empfiehlt sich dies Tauschmittel durch seine leichte Teilbarkeit und Herstellbarkeit. Das ältere Rußland bietet uns die Seltsamkeit von Marderschnauzen und Eichhörnchenstirnen als Kleingeld; Pelzwerk und Leder ist Geld im ganzen nördlichen Asien, wie es eben das natürliche Bedürfnis einrichtet. Es ist etwas Ähnliches, wenn uns aus der Südsee, wo der Mensch sehr wenig zur Kleidung braucht, an verwandten Zahlungsmitteln seine Gürtel und Matten und sogar Kokoszwirn genannt werden. Ebenso dient mancherlei Tauschgerät, das der Mensch bei seiner Arbeit nutzen kann, hier und dort geradezu als Geld. Hierher zählen vor allem die in den Nilländern als Zahlungsmittel kursierenden Axtklingen, Hufeisen, Speerklingen; Schiffervölker machen Kanoes und Segel zu Geldsorten, andere töpferkundige Stämme gewisse Geschirre, so auf Neu-Guinea.

Die beliebteste Form primitiven Geldes ist aber der persönliche Schmuck, mit welchem der „Wilde" seine farbige Haut behängt. Aus Gründen der Sicherheit wie der Eitelkeit hat ursprünglich jedermann seine gesamte fahrende Habe in Form von Schmuck auf dem Leibe getragen, mit der man Einkäufe betreibt, Beleidigungen sühnt und Frieden kauft. Das Schmuckgeld, allerdings in metallischer Form, ist übrigens auch der Ahne unseres Münzgeldes; jede geputzte Griechin oder Südslawin verlebendigt in ihrem goldenen Münzschmuck noch heute die ursprüngliche Gleichung von Schmuck und Geld.

Wie das echte Geld, zeigen auch die genannten Arten von Geld überall das unverkennbare Streben, sich aus dem Zusammenhange der Nutzdinge loszulösen. So zum Beispiel beim Kleidergeld. In Westafrika kursieren bereits kleine Stückchen Zeug als Geld, die ausschließlich dadurch ihren Wert erhalten, daß sie von Königinnen oder Prinzessinnen hergestellt sind, und Baumwollzeug in unbrauchbar schmalen Streifen geht in den Sudanländern als Geld. Ebendasselbe Streben, die Wertmesser praktisch unbrauchbar zu machen, zeigt sich beim Gerätegeld, wo man Geräte, die man gar nicht verwenden kann, wie bronzene Hufeisen, unförmliche Kloben, als Geld kursieren läßt. Am erfolgreichsten ist die Abstoßung der praktischen Verwendbarkeit auf dem Gebiet des Schmuckgeldes vor sich gegangen. Es haben sich hieraus einige Formen originellen Geldes entwickelt, die zu einem ausschließlichen Zahl- und Sparmittel geworden sind, gänzlich losgelöst von der ursprünglichen Schmuckidee. Hierher gehört das bekannte Diwarra-Geld in der Südsee, ein Muschelgeld, das in Fadenform zählt und zu großen Rädern aufgereiht wird, so daß es auch hier Millionäre gibt. Auch wird hier mit diesem Gelde bereits Wucher getrieben: Leihgeschäfte mit Zinsen bis zu 200 Prozent sind etwas ganz Gewöhnliches. Nicht jeder kann dies Geld machen. Die betreffende Schnecke lebt, bewacht von der Furcht vor Haifischen, in großen Tiefen des Meeres im Schlamm, so daß im großen und ganzen der Vorrat an barem Gelde sich nicht mehr erheblich vergrößert. Wohl die zierlichste Geldsorte, die auf der Erde kursiert, ist das winzige Muschelgeld Neu-Irlands. Scheibchen von Stecknadelkopfgröße und darunter sind hier an Schnüren aufgefaßt, deren verschiedene Sorten zu verschiedenen Arten von Ankäufen dienen. So zum Beispiel kann man mit einer Sorte nur Frauen kaufen, mit einer anderen nur Lebensmittel, mit einer dritten bloß Kanoes. Im merkwürdigsten Gegensatz zu diesem Winzigen steht das Mühlsteingeld der Yap-Insulaner. Kalksteine in Mühlsteinform bis zur enormen Größe von zwei Klaftern Durchmesser sind hier die gewöhnliche Form des Männergeldes. Auch hier hat sich bei diesem seltsamen Geldwesen bereits ein sehr verwickeltes Wechselgeschäft mit fester Skala und wucherischem Wechselfuß entwickelt, das uns die Augen öffnet über die vielgerühmte Naivität des „Wilden". Ihn, den wir uns gerne glücklich im Mangel des Dämons Geld denken, ihn plagen noch viel größere Sorgen um den eitlen Mammon, den er zu viel mehr Dingen braucht als wir, und der hier auch eine ungleich größere Gewalt besitzt, als bei uns. Denn das Geld vermag in primitiven Gesellschaften alles. Frau und Familie bekommt man durch Geld, jedes Verbrechen wird durch Geld gesühnt, mit Geld kauft man Frieden und schlichtet mit ihm jeden Streit. Das Geld ist hier in der Tat allmächtig. Daß es eine in unseren Augen so lächerliche Form besitzt — was schadet dies seiner Macht und Furchtbarkeit?

IV. Die geistige Kultur.

Wie der Mensch durch seine Geburt in eine bestimmte materielle Sphäre gesetzt wird, welche die Formen seines äußeren Lebens in allen Dingen bestimmt, so schlüpft er auch geistig sozusagen in eine nationale Haut. Dieselbe ist für alle in derselben Lebensgemeinschaft befindlichen Individuen eine und dieselbe. Sie rührt nicht von ihm oder von irgend einem seiner Väter oder Nachbarn her, sondern sie ist von ihnen allen gemeinsam ausgebildet.

1. Sprache.

Ein derartiger geistiger Gemeinbesitz, in welchen wir recht eigentlich als Kinder hineinwachsen, ist die Sprache. Sie ist ein Gemeingut der Menschheit, soweit wir sie in ihrer Entwicklung überblicken können. Ihre tiefsten Wurzeln entziehen sich unserer Vermutung: wir können sie höchstens in der aufmerksamen Betrachtung des Tierlebens, beispielsweise der menschlichen Affen, ahnen, wo unwillkürliche Begleitlaute von Erregungen und willkürliche Laute, z. B. die Paarungs-, Lock- oder Sammelrufe, die Spiellaute, der gesellige Lärm, als tierische Urformen der menschlichen Sprachäußerungen aufgefaßt werden müssen. Im bunten Völkerleben treffen wir eine wahre Unzahl von Sprachen an; gerade die kulturärmsten Gebiete weisen eine Überfülle von Sprachen und Mundarten auf, die sich bis auf die Sprachweisen einzelner Familien herab verästeln. Nicht selten ist der Gegensatz von Weiber- und Männersprachen, wie unter brasilischen und karibischen Völkern. Auch die Rangunterschiede in ständisch gegliederten Völkern rufen nicht selten verschiedene Sprechweisen hervor, die sich namentlich im Wortschatz voneinander unterscheiden. Die Sprachen nomadischer und unsteter Hirten- und Jagdvölker erliegen sehr raschen Veränderungen. Auffallend ist die Lebhaftigkeit der Gebärdensprache, welcher sich die Völker der Unkultur in erhöhtem Maße zur raschen Verständigung bedienen, wie uns dies namentlich von Papuas und Negern bekannt ist. Die Sprachkunst oder Rhetorik ist bereits auf primitiver Stufe sehr ausgebildet und im Stammesleben eine wichtige Errungenschaft; vielfach erlangt, wer ihrer in höherem Grad mächtig ist als die anderen, Ansehen und die Führerrolle im Stamme. So unter den Australnegern und besonders den Jägerstämmen Amerikas. Der Häuptling ist der Sprecher. Beherrschung mehrerer Sprachen, wo verschiedensprachige Stämme nebeneinander wohnen, ist ebenso geeignet, Einfluß und Macht in der Gesellschaft zu verleihen. Auch die Trommel- und Signalsprachen mancher Völker, durch welche der Stamm sich über weite Entfernungen sehr genau zu verständigen vermag, dürfen in diesem Zusammenhange angeführt werden.

2. Die Kunst.

Universell wie die Sprache ist ein anderes Ausdrucksmittel überall in der Menschheit verbreitet, dessen Wichtigkeit freilich hinter derjenigen der Sprache zurückbleibt. Es ist die Kunst, die Sprache der menschlichen Schönheitsempfindungen. Die Tatsache, daß kein Volk ohne Kunst ist, gibt vom Standpunkte der modernen Soziologie zu denken. Selbst die rohesten und dürftigsten Stämme verschwenden einen großen Teil ihrer trägen Kraft und Zeit an die scheinbar überflüssigsten Kunstspielereien. Es scheint vom Gesichtspunkte der Naturforschung undenkbar, daß eine Funktion, welche mit Aufwendung einer so gewaltigen Kraftmenge und ohne Ausnahme bestritten wird, nur ein leeres und müßiges Spiel, ein zweckloser Kitzel des Geistes sein sollte. Unzweckmäßige Triebe und Betätigungen bringen ihre Träger im Kampfe ums Dasein zum Untergang. Die hohe Entwicklung, welche die Kunst allenthalben unter den Völkern genommen, ist, von diesem Standpunkt aus, ein unmittelbarer Beweis für die Wichtigkeit ihrer sozialen Funktion.

Fig. 14. Felsen-Zeichnungen der Buschmänner, Südafrika.

Die primitive Kunst tritt wesentlich in denselben Formen auf, wie die hochentwickelte späterer Zeit. So fremdartig und unästhetisch die primitiven Kunstformen meistens dem unerfreuten Blicke sich darstellen, sie sind doch wesentlich nach denselben großen ästhetischen Grundprinzipien gebildet. Wie der Vorstellungskreis der primitiven Welt ein engumgrenzter ist und in der Quantität des Denkstoffs der hauptsächliche Unterschied zwischen Barbarei und Zivilisation besteht, so ist auch in der künstlerischen Sphäre die Eingeengtheit des ästhetischen Horizontes der Primitiven die Hauptsache: die Armseligkeit und Dürftigkeit der ästhetischen Gefühle macht ihre Kunst roh, plump und arm.

Ihre erste diesbezügliche Veranstaltung, ihre früheste und wirkungsvollste Form ist die Dreieinigkeit von Musik, Tanz und Theater, die voneinander nicht zu trennen sind. Musik führt ganz von selbst zum Tanz, und der Tanz ist im Anfange zugleich selbst Musik. Er ist aber zugleich schon Theater, denn er ist von allem Anfang Ausdruck eines Innerlichen, eines Gemütszustandes, der sich auch in Gesang und Worten Luft zu machen weiß. Alle diese Künste brauchte der Mensch nicht erst zu lernen. Die Musik ist dem Menschen recht eigentlich eingepflanzt; er ist ja selbst ein geborenes Musikinstrument: mit seiner Stimme, die in jedem Affekt musikalisch wird, mit seinen Händen, die er in Freude oder Zorn zusammenklatscht, mit seinen Füßen, mit welchen er schallend den Boden stampft. Die Völkerkunde kennt daher wohl Stämme ohne Wohnung, ohne Spur von Kleidung, aber keine ohne Musik.

Die menschliche Stimme dient zunächst nur zu einem Heulgesang, der aus Freude, aus Zorn, ja sogar aus Hunger angestimmt wird. Händeklatschen begleitet taktmäßig diesen Gesang, und zur Vervollständigung dieses natürlichsten aller Orchester dient das Getrommel und Geklopfe auf Schild oder

Stock, auf aufgespannte oder aufgerollte Felle. Auf dieser tiefsten Stufe der Musikübung treffen wir noch heute den Australneger an. Er hat sich noch kein wirkliches Musikinstrument erfunden, und doch ist Musik und Tanz, der in seiner sprechenden und ausdrucksvollen Art schon zum mimischen Spiel wird, bereits ein unentbehrlicher Lebensgenuß dieser Urgesellschaft. Es gehört eben die Musik auf unterster Stufe völlig in physischer Art zu den Sorgenbrechern des Menschen, wie Tabak, wie die berauschenden Getränke. Das

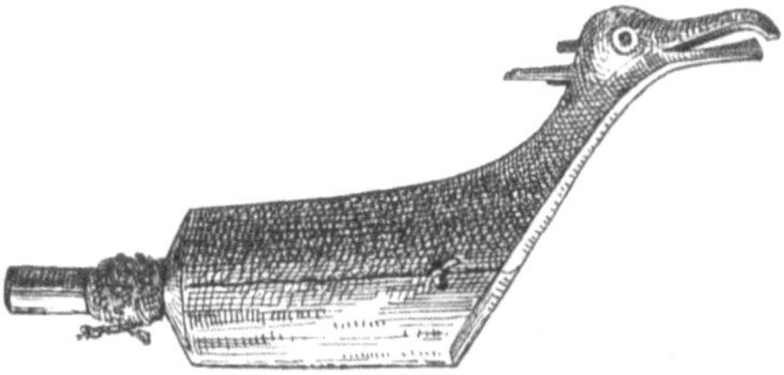

Fig. 15. Holzrassel von der Nordwestküste Nordamerikas.

Ursprüngliche an ihr, der Taktschall, übt dieselbe erlösende Wirkung, wie jede andere Berauschung; der Rhythmus, der den Gedanken fesselt, reißt ihn los von dem Stoffe, den er sonst zu eigener Qual benagt, und scheint ihn zu befreien, indem er ihn bindet.

Die Musik der Naturvölker wird im allgemeinen auch von den mildesten Beurteilern mehr stark als schön gefunden. Melodien hat sie noch nicht — außer denjenigen, welche dem Menschen von selbst in der Kehle sitzen: zuerst hoch mit der Stimme heraus und dann auf die tieferen Töne heruntersinkend, wodurch der primitive Gesang im allgemeinen seinen melancholischen Charakter erhält. Aber beim Musikmachen wird zunächst auf Schallkraft und Rhythmus gesehen. Daher ist die Trommel ein Ur- und Leibinstrument der Menschheit. Dem gleichen Zweck, einfachen Lärm zu machen, dient eine ganze Menge klopfender, kratzender, rasselnder Instrumente, letzteres, das Rasseln, eine hochwichtige Musikgattung, die mit aller Zauberei in innigster Verbindung steht und die schamanistische Verzückung in aller Welt herbeiführt, wie es sogar in der Kinderklapper noch unsere Babies hypnotisiert.

Das erste eigentliche Musikinstrument ist die Pfeife oder Flöte, aus den Röhrenknochen eines Jagdtiers oder eines erlegten Feindes gearbeitet; beim Aussaugen des saftigen Markes mußte der Mensch von selbst die Entdeckung machen, daß das Ding pfeift. In ähnlicher Weise steht vielleicht am Ursprunge der gleichfalls in großer Mannigfaltigkeit vertretenen Saiteninstrumente der Bogen mit dem Schwirren und Tönen seiner Sehne. Eine spätere Zeit und ein geübterer Witz fügte dann ein Kürbisschale oder Kokosnuß als Tonkörper hinzu, spannte einige Saiten mehr auf — und das Urbild der Gitarre ist da, das von den Völkern in mannigfachster Weise ausgebildet wird. Das Saiteninstrument ist gegenüber der Flöte und ihren ethnographischen Abwandlungen das Kennzeichen einer höheren musikalischen Stufe: Apollon überwindet mit seinem Leierspiel leicht den Flötenspieler Marsyas. Daneben baut sich der erfinderische Witz noch allerlei kunstvoll zum Klimpern zusammen: seine Meisterleistung ist vielleicht das „afrikanische Klavier“, welches dem Spieler eine ganze Reihe abgestufter Töne zu kunstmäßigem Spiel zur Verfügung stellt. Statt der klatschenden Hände bekommen wir schallkräftiges Tamtam und Tschinellen, statt der schnippenden Finger treten die Schlaghölzer und Kastagnetten ein. Mit der größeren Mannigfaltigkeit an Instrumenten treten kleine und größere Orchester zusammen; Musikerkapellen gehören schon zum Hofstaate afrikanischer

Großer, und aus der Masse der Dilettanten erhebt sich der zünftige Musiker bereits in der Horde südamerikanischer Indianer gewürdigt und nach dem Häuptling der wichtigste Würdenträger. Da aber, wo alles musiziert, ist doch eine gewisse Scheidung nach den — Geschlechtern zu bemerken; die Weiber spielen in der Regel auf einigen bestimmten, die Männer ebenso auf anderen Instrumenten. Das Trommelschlagen beispielsweise ist fast durchgängig Weibersache.

Mit diesen Mitteln wird in der farbigen Welt bei ihrer vielen Muße und Langeweile Tag und Nacht musiziert und konzertiert, wenn man gerade nichts zu arbeiten oder Krieg zu führen hat. Musik schlechthin zu genießen, ist aber schon ein Vorrecht höherer Empfindungs- und Gesittungsstufen. Unter naiven Verhältnissen ist die Musik nicht viel mehr als der Taktschall zum Tanz. Der Tanz ist in der Tat auf der einen Seite nichts als eine Äußerung des Mitempfindens der Musik; von einer anderen Seite her lernen wir ihn freilich gleich als Ausdrucksmittel der Stimmung, als gymnastische Sprache, als dramatische Improvisation kennen. Tanz und Musik haben wir in einem, wenn der Tänzer, im Rasselschmuck am Knöchel, Gürtel, auf den Schultern, tanzend seine eigene Musik macht oder wenigstens ihr nachhilft, wie sogar noch in manchen unserer Bauerntänze. Aber im Tanze liegt doch mehr als bloße körperliche Rhythmik, als gymnastische Musik; der Wilde tanzt, weil er etwas zu sagen wünscht. Fährt die kriegerische Wut in ihn, so tanzt er, in wilder und doch höchst zeremoniöser, streng überlieferter Gymnastik die Situation zeichnend. Fühlt er Liebe und Verlangen, so tanzt er erst recht und spricht in Gebärden bis zur nacktesten Schamlosigkeit aus, was er will. Will er mit seinen Göttern und Dämonen verkehren, so tanzt er wieder bis zum Rausch und zur Besessenheit, wo er die Mächtigen in sich eingekehrt meint, ihrer Macht zu Zauber und Weissagung genießend.

Hier ist auch die Wurzel des oft wahrgenommenen Zusammenhanges von Tanz und Kultus; noch König David tanzt unter den Weibern vor der Bundeslade mit der Harfe in der Hand.

Wie der Tanz pantomimische Erlebnisse und Gefühle des geselligen Lebens auszudrücken hat, liegen hier deutliche Keime des Dramas vor, die gelegentlich wohl überall zu wilden dramatischen Blumen aufgewachsen sind. Das aus den Tanzaufführungen der primitiven Völker überall hervorlugende Drama wuchert in der Tat wie eine Art Unterholz in der ganzen Welt unter den Hochstämmen des historischen Dramas fort. Sein Vorhandensein wird überall durch die Maske bezeichnet. Soweit die Maske verbreitet ist, so weit reicht das Drama im weitesten Begriff des Wortes. Wie das Drama selbst stammt auch die Maske aus dem Tanz und Kulte. Bei der Dämonenbeschwörung spielt sie ihre erste und wichtigste Rolle. Alle Geister lassen mit sich paktieren. Zu diesem Zwecke führt eine gewisse Klasse von Leuten, denen man eine engere Bekanntschaft mit jenen hilfreichen Geistern zutraut — die Urpriesterschaft —, diese Dämonen in ekstatischer

Fig. 16. Kaiman-Maske der Mehinaku-Indianer, Brasilien. (Nach Dr. Karl von den Steinen.)

Aufregung mittels Musik und Tanz in sich ein, und dies zeigen sie nach außen hin an durch die Verkleidung und Verlarvung in das Aussehen des Dämons, wie es sich ihrer kindisch-rohen Phantasie darstellt. Diesem Gedankengange entsprechend, tragen z. B. die zahlreichen Masken Ceylons den dämonischen oder Teufelscharakter und werden vom Kattadia oder Teufelspriester bei seinen Krankheitsaustreibungen selbst getragen. Eine ähnliche düster-schauerliche Rolle spielten die Masken im Kultus der altamerikanischen Kulturvölker. Beim Gueza-Opfer der Chibchas, bei dem einem Jüngling das Herz ausgerissen wurde, trugen die hantierenden Priester die gräßlichen Masken der Hauptgötter und nahmen in ihrem Namen so das rauchende Opfer entgegen.

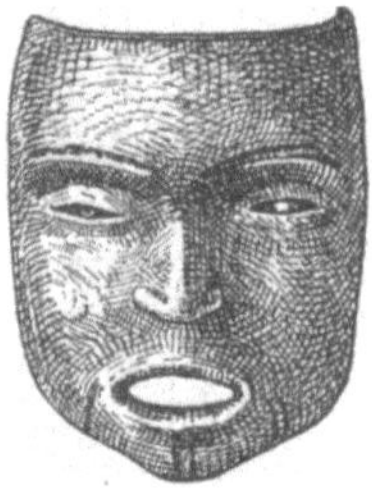

Fig. 17. Tanzmaske von den Indianern der Nordwestküste von Nordamerika.

Aus solchen Kultschauspielen also stammt die Theatermaske, deren erstes Stadium immer durch stereotype Formen charakterisiert wird. Wie das antike griechische Theater und dann später das römische solche entwickelte, so findet sich die Benützung typischer Masken noch heute bei allen ostasiatischen Völkern, wo sie im Schauspiel, bei Tänzen und in öffentlichen Maskeraden auftreten. Auch bei den kulturarmen Stämmen finden wir eine überraschende Entwicklung der Maske. So in Melanesien, wo die Tanzmaske in fast künstlerischer Vollendung auftritt und zu einem eigentümlichen Kunststil geführt hat; so in ganz Afrika. Ein weiterer Kulminationspunkt ist der äußerste Norden Asiens und Amerikas, wo insbesondere die Technik der Masken auffallend hoch entwickelt ist, indem nicht nur die einzelnen Maskenteile, Mund, Augen und Ohren, beweglich eingerichtet sind, sondern durch

Fig. 18. Maskentänzer der Bakalri-Indianer, Brasilien.
(Nach Dr. Karl von den Steinen.)

Schnur- und Zugvorrichtungen hinter der einen Maske eine zweite, gänzlich anders gestaltete sichtbar gemacht werden kann.

Sowenig wir auf dem Gebiet der Musik die primitiven Kompositionen, die Improvisationen auf all den klimpernden Dingen besitzen, so unzugänglich ist der Natur der Sache nach das dramatische Leben selbst, das flüchtige Wort und die vorübereilende Geste.

Ähnlich wie die besprochenen drei Künste empfängt auch die Poesie ihre Bedeutsamkeit vor allem durch ihre Rolle als Mittlerin, als Einigerin der Menschen. Wie sie mit den gedankenärmsten und oft wiederholten Improvisationen einsetzt, besteht ihre früheste Wirkung nicht in einer Erhebung der Geister über ihr gewöhnliches Niveau, sondern in ihrer

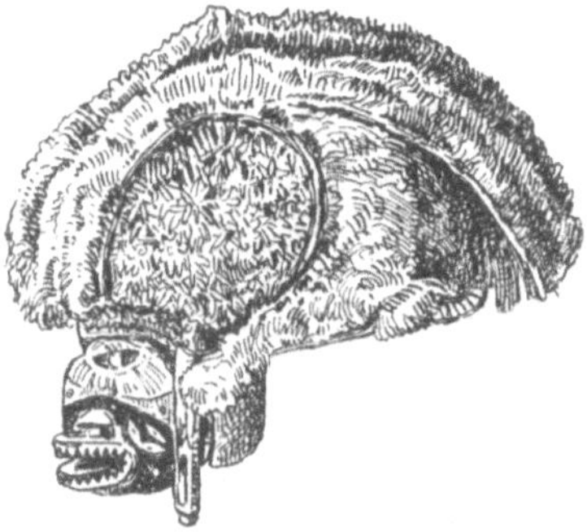

Fig. 19. Tanzmaske von Neu-Irland.

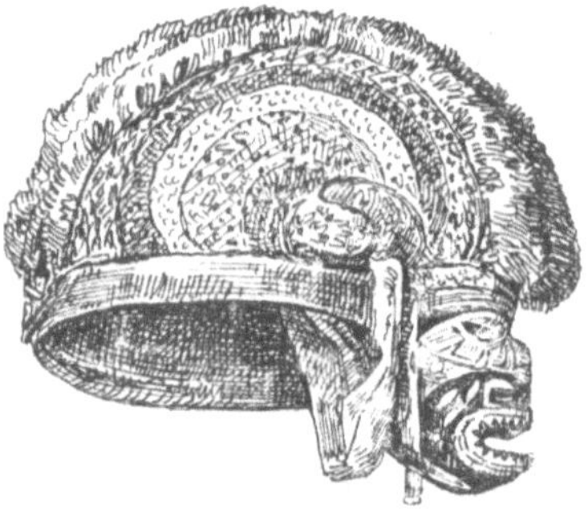

Fig. 20. Tanzmaske von Neu-Irland.

Vereinigung auf einen Punkt. Die Masse wird hier zum ersten Male einer einzigen Meinung, während sonst jeden nur die individuelle Sorge erfüllt oder die innere Leere, die Langeweile, plagt. Die Arbeits- und Zaubergesänge haben dabei noch ihre besondere Bedeutung. Die Poesie schafft damit Wirkungen auf allen Gebieten; in der Religion, im Kampf und Krieg, in der Politik und am tiefsten im öffentlichen Gewissen, im Sprichwort. Auf höheren Entwicklungsstufen tritt erst die Erhebung des Individuums auf ein höheres Niveau durch die Poesie ein.

Neben der Gruppe der musikalischen Künste steht die der bildenden Künste: Ornamentierung, Bildnerei und Malerei. Ähnlich wie jene sind diese von unterster Stufe an auf das innigste mit dem Leben verwachsen. Lust und Liebe zur Zier, zur phantasievollen Ausschmückung aller Dinge, die aus der arbeitenden Hand hervorgehen, sind in merkwürdiger Übereinstimmung fast allen primitiven Völkerschaften eigen, als Frucht ihrer vielen Muße und eines spielerischen Triebes, der auch das unbeschäftigte Kind zu den ewigen Kritzeleien auf Papier und Schiefertafel veranlaßt. Ähnlich wie die anschaulich veranlagte Kindesnatur ist auch der kulturlose Mensch stets mit einer Menge von Anschauungen und Erinnerungsbildern beschäftigt, die ihn von selbst zur Äußerung und sichtbaren Darstellung drängen. Schon in der erklärenden Gebärde mag man den Ursprung des Zeichnens sehen, wie sie der Erzähler zur Versinnlichung seiner Worte gern in die freie Luft zeichnet. Dies beschreibende oder mitteilende Zeichnen ist denn auch älter als das künstlerisch-ornamentale. Es verfährt wie die Bilder aus dem Schreibhefte des kleinen Moritz. Hände und Füße der Menschenfiguren sind oft nur Stummeln; der Schnurrbart sitzt regelmäßig über den Augen; die Zahl der Finger macht Mühe, die der Zehen wird stets gekürzt. Die Lust am Zeichnen kommt unter den Primitiven überall zum Vorschein: im Innern der rauchgeschwärzten Hütten, wo die rußigen Flächen dazu einladen, im Sande des Bodens, auf den Rinden der Bäume, die im Urwalde oft im Kreise mit phantastischen Tierfiguren und Kritzeleien bedeckt sind, auf Felswänden und glattem Schiefer in aller Welt. Berühmt und lehrreich sind die Felsenzeichnungen der Buschmänner und Australier. Im malaiischen Archipel ist bei einigen Völkern ein solches erzählendes Zeichnen zu Hause, das schon beginnt, zur Bilderschrift hinüberzuleiten.

Von besonderer Bedeutung für die geistige Charakteristik der kulturlosen und kulturarmen Völker ist die überwuchernde Entwicklung, welche das Ornament bei ihnen genommen hat. Die Naturvölker lassen fast nichts unverziert, was ihnen durch die Hände geht. Zum Teil wird diese Zier und Musterung noch rein technisch, sozusagen automatisch durch die

Art der Herstellung selbst bestritten, zum größeren Teil ist sie gewollt und angelegt. Es ist heute wohl als Erfahrungssatz der Völkerkunde auszusprechen, daß eine große Reihe von Ornamenten eine undeutlich gewordene, schematisierte Zeichnung vorstellt. Bei den meisten Völkern ist längst die Zeit vorbei, wo das Ornament durch häufige Wiederholung aus der Darstellung eines natürlichen und mit Vergnügen wiedergegebenen Gegenstandes schematisch entsteht, wo der Künstler bei dem in Schnörkel und Linien aufgelösten Symbol noch das Urbild denkt und wo er mit dem Ornament gleichsam noch über das Mittel verfügt, auf den Gebrauch bezügliche Gedanken an den Gegenständen auszudrücken — etwa, wie wir Verse und Sinnsprüche anbringen. Denn der Sinn des Ornaments ist zunächst überall kein bloß dekorativer; dasselbe wird in abergläubischer, religiöser, medizinischer Absicht angebracht und soll vor allem seinen Träger vor allerlei bösem Einfluß schützen. Freilich ist die Benennung und Deutung vieler Primitivornamente, wie sie heute vom Forscher aus dem Munde der sie gebrauchenden Wildstämme erhoben werden, durchaus nicht immer mit ihrem ursprünglichen Sinn identisch, was das Studium derselben zu einer sehr verwickelten Sache macht. Erst in späteren Kunstübungen, wie der der Batak auf Sumatra und der Dayak auf Borneo, zweier Kunstvölker höheren Ranges, sind die figürlichen Urbilder der Ornamentik längst untergegangen, und man begegnet fast nur mehr zu vollendeten Typen ausgebildeten Formen, einem Spiel der schönen, aber leeren Form.

Bildnerei und Malerei sind auf primitiven Lebensstufen noch wenig entwickelt. Erstarkt der bildnerische Trieb, so stellt er sich vor allem in den Dienst religiöser Vorstellungen und Gefühle. Es entstehen überall die Ahnenbilder als Seelensitze, in strenger Stilisierung und mit bizarrer Symbolik, so unter Melanesiern wie unter Malaien, in Zentralafrika und Südafrika wie bei der indischen Urbevölkerung. Auf dem Grunde dieser Gestaltungen nimmt sich die Bildnerei auf späteren Stufen wohl noch heraus, den verschiedenen Menschheitsgruppen in ihren Götter- und Heroengestalten gleichsam einigende Palladien zu schaffen; die bildenden Künste verkörpern allmählich die religiösen und die sozialen Ideale der Völker in Stein oder in Farben, um die sich die Bürger in guten wie in schlimmen Tagen scharen.

3. Die religiösen Regungen und Einrichtungen.

Kein Volk ist ohne Religion, so wenig wie ohne Sprache oder Kunst. Der Streit hierüber, der in der Völkerkunde vielfach geführt wurde, ist ein sehr müßiger. Wenn man unter Religion das Gefühl der Abhängigkeit von unsichtbaren, unfaßbaren Mächten versteht, so ist auch der roheste Stamm auf Erden in seiner Art religiös. Der wilde Wedda heult im Walde seine Zauberweisen, um sich gegen die Geister der Wildnis zu schützen. Das ist bereits Kultus und befriedigt religiöse Empfindung. Die Wurzeln der Religion sind in verschiedenen ewigen Tatsachen der Existenz und in unverlierbaren Bedürfnissen des Geistes zu suchen. Vor allem ist es die Todestatsache, welche dem primitiven Denken den stärksten und unablässigen Antrieb zu religiösen Vorstellungen gibt. Der Seelenglaube, der hier wurzelt, die von Angst und Schmerz geschaffene Welt von Ideen über die Fortdauer der durch den Tod rätselhaft und nur unvollkommen abgeschlossenen Existenz ist auf primitiven Stufen fast ausschließlich der geistige Inhalt der religiösen Erregungen. Von hier entspringt der Ahnenkult, der in sozial gefestigten und vergrößerten Gruppen zum Heroen- und Götterkult von Stammesgottheiten führt, die einen ganzen Olymp bevölkern und endlich mit dem Wachstum und der Reife spekulativer Ideen und moralischer Forderungen zu geläuterten Religionssystemen mit monotheistischer Spitze hinüberleiten. Eine bedeutsame Quelle des religiösen Bewußtseins ist weiterhin die Frage nach den verborgenen Ursachen rätselhafter Naturerscheinungen. Nicht „die Wunder der Schöpfung", nicht der Zauber der Natur veranlassen ihren wilden Zögling zu religiösen Erregungen, sondern die unerklärlichen, ihn schreckenden und peinigenden Vorkommnisse im täglichen Lebensablauf. Krankheit und Gefahr, die boshaften Hindernisse des Zu-

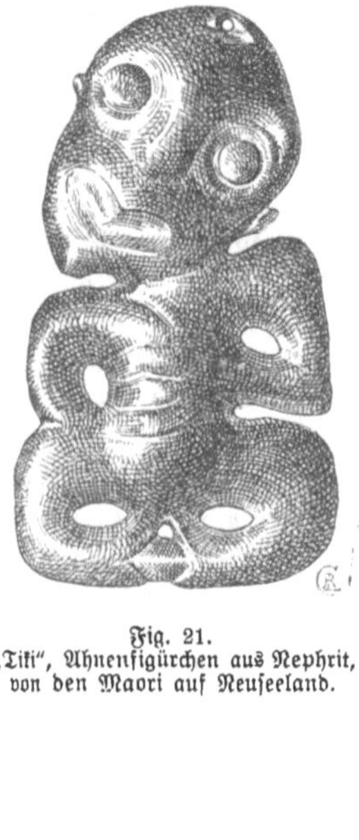

Fig. 21.
„Tiki", Ahnenfigürchen aus Nephrit, von den Maori auf Neuseeland.

Fig. 22.
Ahnenfigur aus Holz, von den Maori auf Neuseeland.

falls, die Rätsel der Dunkelheit mit ihrer Behinderung der Sinnestätigkeit und Aufstachlung der Phantasie, das sind zunächst die geisterhaften Dinge, die ihn mythisch beschäftigen. Im Fetischismus, der im nächstbesten auffallenden Kram die

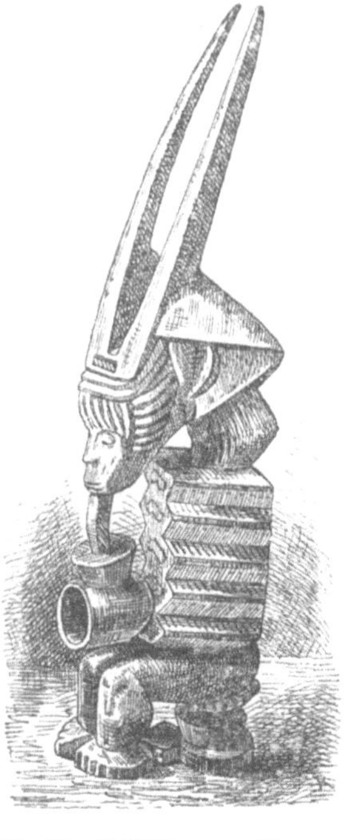

Fig. 23. Fetischfigur vom Niger.

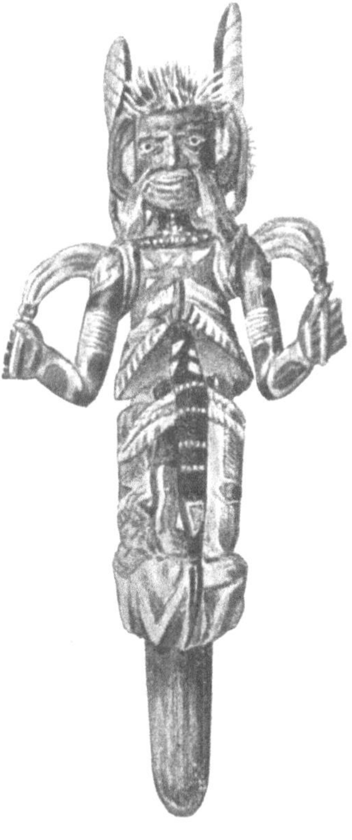

Fig. 24. Ahnenfigur von Neu-Irland.

verborgenen ursächlichen Mächte vermutet, ist der Mensch eine willenlose Beute seiner dummen Einbildungen. Um Schutz und Schaden allein aber ist es bei dem ganzen Wirrwarr der fetischistischen Einbildungen zu tun, nicht etwa um eine Art wirklicher Naturerkenntnis. Die Religion ist von Haus aus eine Patronin der Bedürftigkeit, nicht der Geistigkeit. Ihre Vertiefung und Bereicherung durch mythisch ausgedrückte Erkenntnis und sittliche Haltung gewinnt sie erst auf späteren Kulturstufen und nur in engeren Kreisen.

Die Religiosität ist von allem Anfang an praktisch und äußert sich in einer Summe von Handlungen und Einrichtungen, die den Lebens- und Interessenkreis der Völker umspannen. Das ist der Kult. Er besteht ebensosehr in Abwehr als in positiver Leistung, ja die Abwehrhandlungen sind in der primitiven Kultur weitaus die häufigsten und notwendigsten. Man sorgt zunächst weniger um die Gunst guter Mächte, welche keine rechte Realität gewinnen, als man sich vor dem Zorn und der Rache der bösen Geister fürchtet. Ein ausgedehnter Kreis solcher Abwehrhandlungen liegt in der Totenversorgung vor. Eine zweite Kultsorge ist die Krankheitsbehandlung, eine dritte die Erforschung des Verborgenen. Allmählich bemächtigt sich die praktische Religion auch des Privatlebens in regelmäßiger Art und beschäftigt sich mit Geburt und Geschlechtsreife, mit Hochzeit und dem Schicksal der Verstorbenen. Sehr früh treten im Kult, d. i. der Geisterbehandlung, Berufene auf, die Urpriesterschaft, welche den Verkehr mit der Geisterwelt zu ihrem Vorrecht machen und sich durch besondere Übungen und Gewöhnung zu dieser Aufgabe befähigen. Das Priestertum ist in den Anfängen völlig Privatgeschäft einzelner, bis, in polynesischen oder afrikanischen Staatswesen, gestiftete Priesterschaften mit bestimmtem Kultdienst auftreten, meist in Verbindung mit dem Häuptlingswesen, das die priesterlichen

Dienste nicht nur für Ahnen- und Stammesgötterkult benötigt, sondern ihren zauberischen Einfluß auf Regen und

Fig. 25. Götterfigur aus Stein, von der Osterinsel. (Vorderseite).

Fig. 26. Rückseite mit Bilderschrift.

Wetter, auf glücklichen Ausgang der Unternehmungen, beim Orakel- und Ordalwesen in Anspruch nimmt. Dabei treten die primitiven Priesterschaften, die vielfach ein erbliches Gewerbe darstellen und sich in Schulen zusammenschließen, nicht als die Erfinder, wohl aber als die Bewahrer der Kultformen und der Kultmythen auf. Sie werden zu Stützen der Stammesüberlieferungen und zu Ordnern ihrer halbmythischen Geschichte.

Geordnete Religionssysteme und förmliche Kultordnungen entstehen erst mit dem Fortschreiten fester Stamm- und Volksbildung in staatlichen Formen. Wo verschiedene Stämme in Wirtschafts- und Stammesordnung miteinander dauernd verschmelzen, treten auch die verschiedenen Götterkreise und Mythenstoffe in Beziehung zueinander, und der Mythus ist geschäftig in seiner Art zu verknüpfen und auszugleichen. Die Macht der Götter wächst mit der ihres Stammes: aus den kleinen Stammesgeistern werden große Volksgottheiten. In dieser Art ist die Religion immer die Fata Morgana der irdischen Gesellschaftsverhältnisse. Alle antiken Religionen sind solche Volksreligionen, auf Kult und Mythus gegründet. Erst mit der Verinnerlichung des religiösen Bedürfnisses, das sich mit dem Kultwesen nicht mehr abzufinden vermag und vom Mythus auf seine tieferen Fragen nicht mehr die genügenden Antworten erhält, treten die Erlösungsreligionen in die Geschichte, welche mit dem Lebenswerk eines Stifters unvergänglich verknüpft bleiben.

4. Wissenschaft und Schrift.

Wie in den anderen Kulturdingen, zeigen uns die Naturvölker auch auf dem Gebiet der Wissenschaft die belehrenden Anfänge. Beim dringendsten Bedürfnisse beginnt es auch hier. Zu ihren praktischen und technischen Zwecken haben die primitiven Menschen überall eine beträchtliche Summe anschaulichen Naturwissens erworben, das dem Kulturmenschen heutiger Tage, der nicht mitten im Betriebe der Wissenschaft steht, oft ganz fremd ist. Dies Wissen bezieht sich auf die

Heilkräfte von Kräutern und Wurzeln, wie auf die Bewegungen der Gestirne; es bezieht sich auf Chirurgisches, die Wundbehandlung oder Heilung von Knochenbrüchen, wie die Gewohnheiten der Jagdtiere oder der Seebewohner. Aber dies Einzelwissen ist noch keine Wissenschaft: es fehlt jeder geistige erkenntnismäßige Zusammenhang der notgedrungen gemachten Erfahrungen. — Gibt es ein geistiges Band, das diese Erkenntnisse verknüpft, so ist es die uranfängliche Grundvoraussetzung des Geisterglaubens oder Animismus; gibt es eine Darstellungsformel dafür, so ist es der personifizierende Mythus. Das sind aber gerade die verfrühten falschen Lösungsversuche, welche nicht einmal eine Ahnung der Probleme gewähren, geschweige ihre Erledigung bedeuten.

Eine wissenschaftliche Leistung, bei welcher die animistische Betrachtungsweise der Natur keinen Schaden tun konnte, ist die Zählkunst der primitiven Völker. Wir wissen von einer ganzen Anzahl von Völkern, die nicht über 3, 5 oder 6 hinaus zählen. Mit Zuhilfenahme von Fingern und Zehen geht es bei andern schon weiter, bis zu 20, dem großen vorläufigen Abschnitt in der anschaulichen Zahlenreihe. Dieser Mangel an höheren Zahlbegriffen bedeutet aber nicht etwa einen Mangel an Intelligenz, sondern nur an Interesse. Primitive Völker bedürfen keiner höheren Zahlen, als sie besitzen. Beim Mangel eines vielköpfigen Viehstandes, beim Fehlen von Tauschgegenständen und Tauschmessern haben sie keine Veranlassung, sich im höheren Rechnen zu üben. Die Kinderzahl, die Zahl der Tagereisen von Lagerplatz zu Lagerplatz ist die Grenze ihrer Rechenkunst. Mit der Erweiterung des ökonomischen Horizonts geht auch die Entwicklung der Zählkunst vor sich, und mit Viehzucht und Handel, besonders mit der Ausbildung von Geld, wird das Zählen und Rechnen zu einer Gewohnheit des Verstandes, wie wir denn auf höheren Stufen in Zahlen leben und weben.

Schiffervölker, welche ihren Kurs über die orientierungslose Meerwüste und nächtens unter dem Sternenzelt zurückzulegen haben, gelangen frühzeitig zu einiger Kenntnis der Sterne und ihrer Bewegungen. Die primitive Astronomie ist ein wissenschaftlicher Frühbesitz vieler Völker. Kenntnis von Wind und Wetter ist bei seefahrenden Stämmen desgleichen vorzeitig ausgebildet bis zur Anlegung von Segelkarten, wie wir sie von der mikronesischen Bevölkerung auf den Marschallsinseln kennen. Über die Medizin und Chirurgie der Naturvölker konnte kürzlich von Dr. M. Bartels ein dickleibiges Buch geschrieben werden. Es werden Operationen ausgeführt, wie die Schädeltrepanation, die Ovariotomie, die Exstirpation der Hoden, zu welchen bedeutende allmählich erworbene und aufgesammelte anatomische Kenntnisse und chirurgische Übung unbedingt erforderlich sind.

Die stärkste Stütze der Wissenschaft ist überall die Schrift, die, im weitesten Sinne genommen, keinem Volk der Erde fehlt. Jedes Bildzeichen ist in gewissem Sinne schon ein Schriftelement. So gewiß die Eigentumszeichen, so manches Zeichen von ornamentalem Charakter, das in einer gewissen Gedankenverbindung Schutz oder Abwehr gewähren soll. Indem es zu einer Aneinanderreihung solcher Zeichen kommt, sind die ersten Ansätze einer Bilderschrift gegeben. In den indianischen Bilderschrifttafeln auf Birkenrinde oder Leder liegen höchst lehrreiche Belege dieser Art vor. Wird derlei Versinnlichungen durch Übereinkunft der Charakter der Allgemeingültigkeit aufgeprägt, der von selbst zur Schematisierung und Abkürzung führt, so haben wir es bereits mit wirklichen Bilderschriften zu tun. Solcher Art ist die Bilderschrift auf den Schrifttafeln der Osterinsel, die zu „lesen“ noch nicht geglückt ist, über deren Inhalt als Geschlechtstafeln wir indessen im allgemeinen orientiert sind. Aus solchen

Bilderschriften sind nun alle höheren Schriften hervorgegangen; erkennbar noch in der mexikanischen und ägyptischen Hieroglyphenschrift, verwischt in den chinesischen oder den Keilschriftzeichen. Durch die Umwandlung der Bilderzeichen in der Schrift in Lautzeichen ist das große Prinzip der eigentlichen Schriftarten erreicht, das zur Schaffung der welthistorischen Alphabete führte.

C) Beschreibende Völkerkunde.

1. Statistischer Überblick.

Nach einer ungefähren Schätzung beläuft sich die Bevölkerungszahl der Erde auf 1600 Millionen. Davon gehören sechs Siebentel der Kulturmenschheit an, der Rest entfällt auf ihre tiefer stehenden Schichten. Diese Scheidung fällt zusammen mit der von Geschichtsvölkern und geschichtslosen Menschheitsgliedern, fällt auch beinahe zusammen mit dem Gegensatz der hellen und der dunkelfarbigen Rassen.

Der bewohnte Teil der Erde, ungefähr ein Sechstel ihrer gesamten Oberfläche, gliedert sich in eine Anzahl von Erdfesten, Kontinenten, und entsprechend gliedert sich die Menschheit in große Gruppen. Die Menschheit ist freilich überall eine; durch Übergänge und Beziehungen, durch vermittelnde Zwischenglieder sind die natürlichen Menschheitsgruppen gerade so miteinander verbunden, wie die Erdteile selbst geographisch aufeinander weisen und durch Zonengebiete mannigfachster Art und Zahl miteinander verknüpft erscheinen. Die nördliche Halbkugel, mit breiterer Entfaltung der menschlichen Wohnsitze, überdies durch bessere Naturausstattung begünstigt, gewährt dabei einer größeren Menschenzahl den Schauplatz ihrer Entwicklung. Auch gehören die höheren und höchsten

Kulturentwicklungen alle der nördlichen Erdhälfte an. Hier sitzen die weißen und die ihnen meist verwandten mongoloiden Rassen, während die dunkelgefärbten Rassen vorwiegend die südliche Erdhälfte behaupten.

2. Die Rassen.

Nach ihrer Körperbeschaffenheit und namentlich nach bestimmten Merkmalen derselben — Farbe der Haut[1]), Beschaffenheit der Haare[2]), Kopfform[3]) — wird die Bevölkerung der Erde von der Anthropologie oder der Naturgeschichte des Menschen in einer Reihe von großen Gruppen geschieden, die man mit einem aus der Zoologie entlehnten Ausdruck Rassen benennt. Diese Rassen stehen nicht fest. Je nach der Bedeutsamkeit der beobachteten Merkmale schwanken die Einteilungen fortwährend. Nach der monogenetischen Theorie ist das Menschengeschlecht einer einzigen Urform entsprungen, die sich unter der Einwirkung der Klimas und der anderen Kräfte zu verschiedenen Spielarten entwickelt hat. Die Grenzen dieser Arten sind nirgends fest; ja, nicht einmal die Reihe ihrer Merkmale ist unabänderlich bestimmt. Demgemäß haben uns die Anthropologen seit Linné, wie Cuvier, Blumenbach, Huxley, Retzius, Haeckel, Quatrefages, die verschiedensten Rasseneinteilungen der Menschheit geliefert, welche den Vertretern der Völkerkunde, so Friedrich Müller, Oskar Peschel, Friedrich Ratzel, zur Grundlage ihrer

---

[1]) Dieselbe wird von den Anthropologen jetzt zumeist nach der sogenannten Brocaschen Farbentafel bestimmt und hängt von der Pigmentierung in der Schleimschicht der Oberhaut ab.

[2]) Man unterscheidet verschiedene Formen des Haarwuchses und verschiedene Beschaffenheit der einzelnen Haare, die im Bau desselben begründet sind. Die wichtigsten Formen sind das straffe, schlichte, wollige, lockige, krause und spiralgerollte Haar.

[3]) Die Kraniologie oder Schädelmessung stellt drei Grundtypen auf, die auf dem Verhältnis der Höhe des Kopfs zu seiner Länge beruhen. Man unterscheidet Langköpfigkeit (Dolichokephalie), Mittelköpfigkeit (Mesokephalie) und Kurzköpfigkeit (Brachykephalie).

Systeme gedient haben. Blumenbach, der Begründer der wissenschaftlichen Anthropologie und Ethnologie, unterscheidet fünf Rassen: die kaukasische, mongolische, äthiopische, amerikanische und malaiische, während der französische Anthropologe Quatrefages, sich insbesondere auf Hautfarbe und Schädelbildung stützend, drei Hauptrassen aufstellt, die weiße, gelbe und schwarze, wozu noch zwei große gemischte Rassen, die amerikanische und die ozeanische, kommen. Die neuere Völkerkunde sieht mit Vorliebe von dem Begriff der „Rasse" vollständig ab und gliedert die von ihr beobachteten Völker entweder, wie Friedrich Ratzel, nach der Kulturhöhe oder, wie amerikanische Ethnologen, nach den Wirtschaftsverhältnissen (Jägervölker, Fischer- und Ackerbauvölker usw. nach Morgan). Die im folgenden gebotene Anordnung der zur Schilderung gelangenden Völker beruht zunächst auf dem geographischen Gesichtspunkt, wobei sprachliche, anthropologische und kulturelle Merkmale gleichmäßig zur weiteren Gliederung der großen geographischen Gebiete herangezogen werden sollen.

3. Die Amerikaner.

Wir stellen die Bewohner der Neuen Welt voran, in welcher, vor den grundstürzenden Veränderungen seit der Entdeckungszeit, die menschliche Entwicklung, ungestört und unbeeinflußt von der altweltlichen Kultur, auf einheitlicher Grundlage zu einer Fülle verschiedenartiger Kulturgestalten auseinandertrat, die doch wieder gewisser gemeinsamer Grundzüge nicht entbehren.

Dieser ungeheure Doppelkontinent, welcher vom polaren Norden bis zur südlichen Kälteregion der Erde alle Klimazonen in seinem Bereich vereinigt, ist, abgesehen von den Eskimostämmen im äußersten Nordwesten, von Völkern einheitlicher Abstammung, der indianischen Rasse, bewohnt, deren Zurechnung zur mongolischen Rasse, wie sie von der älteren Völkerkunde angenommen wurde, heute kaum glaubwürdig scheint (ohne daß damit indessen die Möglichkeit irgend

Fig. 27. Junger Indianer mit Federkrone, Brasilien.

einer rassenhaften Beziehung zu Asien oder der Südsee abgelehnt werden soll). Dagegen spricht schon die Fülle von Zeugnissen, welche das vorgeschichtliche Dasein des Menschen auf amerikanischem Boden erhärten. Vorläufig müssen wir annehmen, daß Amerika wie die anderen Kontinente seine eigene Bevölkerung von Urzeiten an gehabt habe. Es sind, abgesehen von den Kulturvölkern Mexikos, Mittelamerikas und Südwestamerikas (Peru, Kolumbien, Ecuador), reine Jägervölker, welche freilich dabei des Ackerbaus nicht gänzlich entraten. Dieselben zerfallen nach der Sprache und Kulturgemeinschaft in eine überaus große Zahl von Völkern und Stämmen (Sippenverbänden), von denen freilich seit dem Entdeckungszeitalter die Mehrzahl bis auf wenige Überreste verschwunden oder nur in Vermischung mit dem Blute der fremden Einwanderer erhalten geblieben ist.

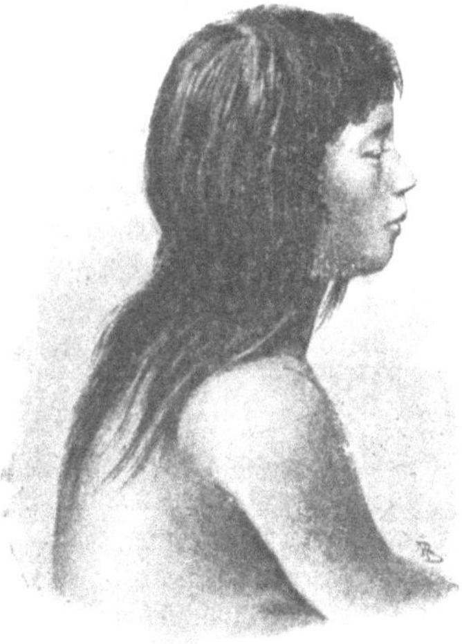

Fig. 28. Bakairi-Mädchen, Brasilien. (Nach Dr. Karl von den Steinen).

Wohl nirgends auf der Erde sind in wenigen Jahrhunderten so grundstürzende Änderungen in den Schicksalen und der Entwicklung so ungeheurer Gebiete vorgekommen als in Amerika. Die bodenständige Bevölkerung ist heute in Nordamerika auf wenige Punkte, namentlich im Nordwesten, in Kanada und im Süden zurückgedrängt, wo sie auch nur mehr teilweise in alter Selbständigkeit, nirgends mehr gänzlich unberührt von den modernen Zivilisationsverhältnissen fortdauert. Die zahllosen Jägerstämme der Vereinigten Staaten sind nahezu völlig verschwunden; in den sogenannten Indianer-Reservationen fristen sie in höchst beschränktem Umfange ihr der Völkerkunde so merkwürdiges Dasein. Auch in den Pueblos-Völkern Kaliforniens sind noch bemerkenswerte Reste der alten Bevölkerung erhalten. In Mexiko und Mittelamerika haben sie ebenfalls ihr Blut, allerdings vermischt mit dem der spanischen Einwanderer, erhalten; aber nur in abgelegeneren Gebieten sind Reste ihres alten Wesens, ihrer Lebensweise und Kulturmittel übrig geblieben. Überdies ist in der Union und der Inselwelt Mittelamerikas ein neues Völkerelement, der importierte Neger, aufgetreten und hier zum Teil sogar vorherrschend geworden.

Ebensosehr ist das ethnographische Bild Südamerikas, wie es die Konquistadoren antrafen, heute gelöst und zerstört. Die Randgebiete, welche einst schon Völker höherer Lebensstufe kannten, sind heute durch die Fremden in Kulturländer mit völlig veränderter Bevölkerung umgewandelt, in der nur die allerdings das Übergewicht behauptenden Mischlinge an frühere Verhältnisse erinnern. Und im ungeheuren Binnengebiet, in Brasilien muß man schon sehr tief ins Innere der Campos und der ungelichteten Waldgebiete des Amazonas und seiner Nebenströme dringen, um das frühere Menschentum auf seiner altertümlichen Naturstufe des Daseins anzutreffen.

Bedauerlicherweise hat der Zeit, welche Amerika in seiner unberührten Ursprünglichkeit zum ersten Male vor Augen bekam, der Sinn für dies wundervolle ethnologische Schauspiel gefehlt. Indessen sind bei der ungeheuren praktischen und wirtschaftlichen Arbeit, die freilich mit den Mitteln der Zerstörung und Ausbeutung nicht wählerisch war, doch eine Menge Nachrichten für die Wissenschaft von Amerikas Geschichte und Völkerkunde abgefallen; und die ethnographischen wie archäologischen Überreste reichen beinahe völlig aus, die alte selbständige Entwicklung der Neuen Welt nachträglich zu erforschen.

Die Bedingungen der Völkerentwicklung in Amerika sind bei der ungeheuren Ausdehnung ihres Schauplatzes selbstredend keine einheitlichen. Gegen die Alte Welt gehalten, ist Amerika fast doppelt so kleinen Umfanges. Die Naturausstattung, so mannigfaltig und üppig sie sich in den verschiedenen Gebieten darstellt, ist doch nicht so artenreich wie die der Alten Welt. Die Kulturgewächse, welche sich die Alte Welt aus dem Naturvorrat gewonnen hat, sind weit bedeutender und mußten in der Wirtschaftsentwicklung eine viel tiefer greifende Rolle spielen als Mais, Batate und Banane, der Baumwollstrauch und die Agave, als Vanille, Pfeffer, Kakao, Tabak und Koka. Noch größer ist vergleichsweise die Armut der Neuen Welt in bezug auf die Tierwelt, welche dem menschlichen Haushalt von Wichtigkeit werden konnte. Von Last- und Arbeitstieren half nur das Lama und das Renntier; zur großen Jagd stellten sich in Nordamerika nur der Bison, der Hirsch, Hase, in Südamerika Wildschwein, Agutis, Rehe, Waschbären, Affen und Wickelbären. Größere zahme Haustiere fehlen gänzlich: welche Beeinträchtigung von Ackerbau, Handel und Verkehr mußte daraus entstehen! Trotzdem ist Amerika zur Zeit seiner Entdeckung bereits zur metallischen Stufe fortgeschritten; es hat durch die organisatorische Kraft einzelner seiner Völker in Mexiko, Mittelamerika und den südlichen Andes höhere Staatengebilde erzeugt, ja im Inkastaate Perus einzelne Züge des sozialistischen Zukunftsstaates, freilich auf despotischer Grundlage, vorgebildet. Im ganzen betrachtet ist Amerikas Völkerentwicklung derjenigen Afrikas so ziemlich ebenbürtig, wobei zu bedenken ist, daß Afrika an den Kulturmitteln der Mittelmeerländer, vor allem der Metallbenützung, teilgenommen hat, während Amerika aus sich heraus, in völliger Abgeschlossenheit von der Alten Welt, zu seiner Kulturhöhe gelangt ist. Außerdem hat es die Gestaltung des Doppelkontinents von Anbeginn so gefügt, daß hier der Kampf um die Kultur gleichsam auf zwei völlig getrennten Schlachtfeldern, den einzelnen Hälften desselben, geschlagen werden mußte.

Nordamerika.

Der Nordwesten.

Der äußerste Norden und Nordwesten, die Halbinsel Alaska und die angrenzende Küste wird von Eskimos eingenommen, deren Schilderung am besten im Zusammenhang mit der der asiatischen Eskimovölker erfolgt (Seite 164). Auf dem angrenzenden Inselbogen der Aleuten wohnt unter ähnlich strengen Lebensbedingungen ein Menschenschlag, die Aleuten, die den Eskimo durch Sprache und Kultur sehr nahestehen, ein Schiffer- und Jägervolk, das sich bei unsteter Lebensweise im Kampf gegen das polare Klima abmüht. Ihnen benachbart im Süden des Eliasberges sitzen an den Küsten und Küsteninseln Jäger- und Fischervölker, deren erste Bekanntschaft wir dem großen Entdecker der Südseewelt, James Cook, verdanken, die Thlinkiten- und Vancouver- oder Nutka-Stämme, als Haida, Hailtsa, Tschinuk usw. Sprachlich und körperlich gehören sie bereits zu der indianischen Bevölkerung Nordamerikas, ethnologisch und kulturell bilden sie den Übergang von der Polarbevölkerung zu dieser letzteren. Die Küstenbeschaffenheit ihrer Wohnorte hat seemännische Geschicklichkeiten in ihnen geweckt, denen sie zum großen Teil ihren Lebensunterhalt verdanken. Die Lebenszustände sind bei ihnen verhältnismäßig hoch entwickelt. Feste Wohnsitze in zum Teil kasernenartigen Holzhäusern haben gesellschaftliche Zustände von höherer Gliederung hervorgerufen. Eine Scheidung von Volk und Adel, unter einem ausgebildeten Häuptlingswesen, ist durchgeführt, Sklaverei auf kriegerischer Unterlage bekannt. Das sittliche Leben dieser Stämme ist durch mancherlei Laster entstellt, ihre Religiosität durch eine schamanistische Priesterschaft und eine Art von Ordensverbindungen geleitet und bis zum orgiastischen Leichenfraß der Hametzen mißleitet. Lebhaftes Gefühl der Abstammung schlägt durch eine reiche Mythen- und Sagenwelt in Tätowierung, Schnitz- und Bilderkunst, endlich in dramatischen Vorführungen und üppigem Mummenschanz aus. Hier ist ein Zentrum des primitiven Maskenwesens, dessen tiefsten religiös-mythischen Sinn man hier am deutlichsten erkennen kann.

Die nordamerikanische Urbevölkerung.

Mehr als auf anderen Gebieten sind es hier nur spärliche und zerstreute Überreste der ehemaligen Völkerverhältnisse, die wir in der Gegenwart antreffen. In eine Unzahl kleiner Horden und Stämme mit verschiedenen Sprachen und Mundarten zersplittert, bevölkerten in dem Entdeckungszeitalter und mit allmählich abnehmender Dichtigkeit noch in den nächsten zwei Jahrhunderten die eingeborenen Rothäute das ungeheure Gebiet, das heute von den vereinigten Staaten und Kanada eingenommen wird. Eine große Zahl von stattlichen Bauresten, Grabhügeln, runden oben flachen Erdaufwürfen (mounds) und kreisrunden Verschanzungen, sodann von Steinhäusern mitten im Felsengebirge legen in vielen Landstrichen Zeugnis ab von alter Besiedlung dieser Gebiete und von kulturtüchtigen Vorfahren der indianischen Bevölkerung. Solche Bauten hat man vom Oberlaufe des Missouri und den großen Seen bis nach Florida, am Ohio und anderwärts massenhaft entdeckt. Sie erzählen nicht von einem sagenhaften Kulturvolk, das vor den Rothäuten auf diesem Boden gehaust, sondern von der Tatsache, daß die indianische Gesittung vor dem Entdeckungszeitalter schon Jahrhunderte auf jener Höhe sich befunden hat, wie sie durch diese ehrwürdigen Baureste und die reichlichen Funde in ihnen dargestellt wird und von welcher die Rothäute, bedrängt und verdrängt von den europäischen Ansiedlern, allmählich zu bettelhafter Verarmung herabgesunken sind.

Es hat nur mehr geschichtliches Interesse, die zahllosen Stämme aufzuzählen, die uns auf dem ehemaligen indianischen Verbreitungsgebiete als Jägervölker mit Ansätzen zu Seßhaftigkeit und ackerbautreibendem Leben bekannt geworden sind. Die Gruppe der Tinneh-Stämme im Nordwesten, die Algonkin-Völker in den nördlichen Staaten der Union, in deren Reihen die bekannten und berühmten Namen der Schwarzfüße, der Fünfvölkerbund der Delawaren mit den Mohikanern, die Susquehannok usw. begegnen; sodann die Irokesen Kanadas; die Huronen, mit jenen beständig im Kriege liegend; die Dakota oder die „sieben Ratfeuer“, besser gekannt mit ihrem Spottnamen Sioux, zwischen den Felsengebirgen und dem Mississippi; die Krikstämme im Südosten; die Tscherokistämme in Süd- und Nordkarolina; die ehemaligen Bewohner von Texas; endlich die merkwürdigen Natchez am unteren Mississippi bilden die wichtigsten Gruppen.

Alle diese Stämme hatten ihre Existenz zum größten Teil auf die Jagd gegründet. Zur Tierzucht und zum Hirtenleben fehlten ihnen nicht geeignete Tierarten, vor allem der Büffel, sondern Geduld und Neigung. Die Jagdbeute bot ihnen, was sie brauchten, Fleisch und Häute. Die unausbleiblichen Lücken bei dieser Nährweise wurden unter günstigeren Vegetationsverhältnissen überall durch hoffnungsvolle Anfänge des Ackerbaus ausgefüllt. Soweit der Mais reift, sind auch vielfach Versuche zu bemerken, ihn regelmäßig zu bauen. In den Waldgebieten gewährte die Natur freiwillig auch andern Lebensvorrat: den Wasserreis an den kanadischen Seen und am Oberlauf des Mississippi, den Zuckersaft der

Ahornbäume, Kürbisse, Sonnenrosen und Bohnen, außerdem die Früchte wilder Pflaumen und Reben. Nicht zu vergessen ist der Tabak, dessen Genuß zu einer so bedeutungsvollen, religiös bedeutsamen Indianerübung geworden ist.

Als Meister im Jagdgewerbe sind die Indianerstämme seit jeher berühmt. Ihre geistigen Fähigkeiten stehen völlig im Banne der Jagd, welche mit ihren Aufregungen und Reizen hohen Lebensgenuß bietet. Sie gewährte ihnen überdies die Mittel zu einem keineswegs armseligen Leben. Die Zeltwohnung, mitunter in stattlicher und gefälliger Ausführung, entspricht dem schweifenden Jagdleben; die Kleidung in kunstvoll zubereitetem Leder weist hoch entwickelte Formen, Beinkleider, Schuhwerk auf; der Ausputz des Körpers ist luxuriös und geschmackvoll zu nennen, die alten Steinwaffen sind unter europäischem Einfluß durch das Eisen verdrängt. Übrigens haben die nördlichen Stämme selbständig Metalle gewonnen und verarbeitet, freilich noch in sehr altertümlicher Weise. Die rohen Athabaskenstämme haben auf Kupfer gegraben, ebenso wurde am Eriesee, in Alabama Kupfer gebaut. Seine Verwertung erfolgte aber nicht durch Schmelzkunst und Guß, sondern durch Klopfen und Hämmern hauptsächlich zu Schmuckgerät.

In gesellschaftlicher und sittlicher Hinsicht standen freilich nicht alle Jägerstämme der Union auf gleicher Stufe. Wir haben es hier vielfach mit wirklichen Völkern und Völkerverbänden auf geschlossenen Gebieten zu tun, die miteinander Staatsverträge und in feierlich zeremoniösen Formen Krieg und Frieden schließen. Völkerrechtliche Satzungen werden geachtet. Andererseits ist der immerwährende und stets erneute Kriegszustand der Stämme untereinander, die sich gegenseitig die Jagdgründe betreten und wegzunehmen versuchen, ein Zeugnis verhängnisvollen Tiefstandes. Von Charakter verschlossen und stumpf, im Kriege und in der Aufregung der Jagd grausam und unempfindlich, ist der Indianer durch geistige Leistungen wenig ausgezeichnet. Weder auf religiösem noch auf künstlerischem Gebiet sind hervorstechende Leistungen zu verzeichnen. Ihre Religion, auf Toten- und Seelenkult gegründet, hat sich, entsprechend den losen Stammesorganisationen, zu keinen größeren Schöpfungen, zu keinen überragenden Gottesgestalten entwickelt; Geisterfurcht und Jagdaberglaube sind ihre hervorstechendsten Züge. Der „große Geist" und die „glücklichen Jagdgründe", im Westen, wo die Toten fortleben, sind immerhin christlichen Ursprungs verdächtig. Eine bedeutende geistige Leistung, anziehend durch ihre anschauliche Schärfe, ist die Bilderschrift, zu der sich manche Indianerstämme aufgeschwungen haben.

Die nordamerikanischen Kulturvölker.

Bei der Aufzählung der Jägervölker Nordamerikas sind die Stämme Oregons, Kaliforniens, Neu-Mexikos und Mexikos nicht genannt worden. Es ist dies die Bevölkerung eines uralten Kulturkreises, der im altmexikanischen Staat seinen Mittelpunkt und höchste Blüte besaß. Eine Menge Völkernamen wäre auf diesem weiten Gebiete aufzuzählen, die man indessen besser auf einer Völkerkarte einsehen mag. Sie stellen Stamm- und zum Teil Sprachverwandte der wenigen führenden Völker auf diesem Schauplatze einer an Eroberungen und Wanderungen reichen Geschichte vor. Es sind zum größeren Teil indianische Jagdvölker, wie die der Union, mit geringer Gesittung, so die Schoschonen, die Digger Kaliforniens, die Yumas in Arizona und Kalifornien. In der Gruppe der Pueblo-Stämme hat man eine Anzahl von Völkern zusammengefaßt, die untereinander durch Kulturverwandtschaft, nicht aber durch eine solche ihrer Sprachen zusammenhängen und die dadurch ausgezeichnet sind, daß man die merkwürdigsten Felsenbauten und Bergruinen in ihrem

Wohnbereich antrifft. Im eigentlichen Mexiko saßen neben den Erobererstämmen der Tolteken und Azteken, deren Richtung vom Norden nach dem Süden ging, eine ganze Anzahl zum Teil sehr kultivierter Völkergruppen, von denen die Totonaken in Vera Cruz, die Zapoteken und Mixteken in Oaxaka genannt seien. Als die Urbewohnerschaft des Reiches Mexiko sind die Chichimeken zu nennen. Die Erobererzüge der Tolteken und der ihnen verwandten Azteken gingen bis Mittelamerika, wo sie in den Kulturstaaten der Mayavölker von Guatemala, Honduras und Yukatan Halt fanden. Bis zum Nicaraguasee reichte die Ortskunde der Azteken.

Als das Ergebnis ihrer Eroberungszüge steht der altmexikanische Kulturstaat in der Geschichte, der das betroffene Staunen der Konquistadoren hervorrief und nur ihren äußersten Anstrengungen nach ruhmvollen Kämpfen erlag. Auf hochbegünstigtem Erdraum, wo die Kulturpflanze Amerikas, der Mais, die reichsten Ernten eintrug, mit dem heißen Küstenstrich zu Füßen, der allen Baumsegen der Tropen ausschüttet, war das Erobererreich gegründet, im befruchtenden Verkehr mit den Kulturvölkern der Maya und der Quiche von Yukatan und Guatemala, durch seine Lage dem Zuströmen frischen Blutes von Norden her offen. Ein ausgebildeter Feldbau mit künstlichen Bewässerungsanlagen sicherte die Existenz, Brücken und Kunststraßen belebten den Verkehr, der sich in regelmäßigem Postdienst bereits ein ansehnliches Organ geschaffen hatte. Steinbauten von imposanter Größe, von einem bizarren, aber stilvollen Kunstgeschmack eingegeben, entsprechen der geschichtlichen und politischen Größe der hier begründeten Militärdespotie. Nicht bar des Gebrauchs der Metalle, ist diese Kultur in technologischer Hinsicht doch vorwiegend auf Stein, Holz und Ton gegründet, zu denen sich das messerscharfe Lavaglas mit hohem Nutzen gesellt. Erlesener Mosaik- und Federschmuck,

Goldstaub in Federkielen als Geldeswert aufbewahrt, der Gebrauch der Kakaobohne als Scheidemünze — sind kleine, aber bezeichnende Einzelheiten altmexikanischer Lebensführung. Die Erfindung des Kalenders, ihre kunstvollen Systeme der Zeitrechnung, vor allem die Existenz einer Schrift, die rebusartig Silben zum Ausdruck brachte und in Stein, Ton wie auf Pergament kostbare Urkunden altmexikanischer Geschichte bis auf unsere Tage überlieferte, stempeln die altmexikanische Kultur zur höchsten auf amerikanischem Boden, auf die freilich das blutig-greuelvolle Religionswesen des Volks, sein Kannibalismus tiefe Schatten wirft.

Mittelamerika.

Abgesehen von Völkern des aztekisch-toltekischen Kulturkreises sind in Mittelamerika eine Anzahl halbwilder Stämme zu verzeichnen. Zu jenen ersteren gehören vor allem die Mayavölker, die wie die Altmexikaner unter Hinterlassung gigantischer Baudenkmäler mit grotesken Skulpturen und einer Bilderlautschrift vom Schauplatze der Geschichte verschwunden sind, in der Halbinsel Yukatan, am See von Peten, sowie in Guatemala; zu den letzteren die sogenannten Talamanka-Stämme in Co starica, sowie die Moskito und Ulua in Nicaragua.

Südamerika.

Durch die Brücke der mittelamerikanischen Völker gelangen wir zu der Bevölkerung des südlichen Kontinents, der in seinen geographischen Bedingungen vielfache Analogien zur nördlichen Hälfte bietet. Wie hier wird die atlantische Seite von rohen Jägervölkern, die abgekehrte Westseite von Kulturvölkern eingenommen. Die Wald- und Kampstämme Brasiliens treten den Jägerstämmen der Union gegenüber, die Kulturen des Inkastaates und der Chibchavölker entsprechen den toltekisch-aztekischen Staatsschöpfungen. Notwendig und lehrreich ist es zu wissen, daß die Mexikaner und Inkaperuaner von ihrer Existenz gegenseitig nicht unterrichtet waren, als die Zeit der Konquista über beide Kulturgebiete hereinbrach. Im ganzen gewogen zeigt sich die Gesittung des nördlichen Festlands im Vergleich zu der im südlichen Kontinent bedeutend überlegen. Abgesehen von den Landesgebieten im Nordwesten, wo die Inkakultur sich ausbreitete, steht die gesellschaftliche Entwicklung in Südamerika auf einer weit tieferen Stufe als in Nordamerika. Dort hatten wir Völker und Völkerbünde in gesicherten und geordneten Existenzformen, hier breiten sich nur unstete Horden und Stämme ohne dauernde Verbindung miteinander, ohne seßhafte Lebensweise nebeneinander aus. Je tiefer man nach dem Süden vordringt, desto tiefer fällt auch die Gesittung der Bevölkerung.

Die Kulturvölker Südamerikas.

Alle Kulturvölker in Südamerika sitzen vom Gestade des Stillen Ozeans aufwärts bis über die Hochebenen zwischen den Kordillerenketten verbreitet. So ward der Chibcha-Staat auf dem Hochlande von Bogota gegründet; weiter nach Süden erstreckte sich, immer auf dem Rücken der Hochebene bis nach Chile, der Inkastaat, mit der Ketschuabevölkerung, die Aymara an der Spitze; sodann kommen die Kara oder die Bewohner von Quito; an den Westabhängen der Kordilleren sitzen die Yunka-Stämme, von deren Kultur riesenhafte Baureste und Bewässerungsanlagen Zeugnis ablegen. Es sind eine Reihe merkwürdiger Naturverhältnisse, welche in Südamerika die Kultur nach diesen Hochebenen gezogen haben. Eine eigene Anziehungskraft haben ihre Hochlandseen ausgeübt; entlang den nährenden Strömen, die zur Küste eilen, wo Feldbau und Baumzucht allein möglich ist, haben sich gesittete Gesellschaften entwickelt, die von dem Hochlandstaate der Inka der Reihe nach mit leichter Mühe unterworfen und dem Reiche angegliedert werden konnten. Drei Dinge von hervorragender Bedeutung trugen wirtschaftlich diese Gesittung; das Vorkommen und die Zähmung der Lama-Arten, die Kartoffel und die Nährfrucht der Quinoa-Hirse. Die Trockenheit dieser Hochlandschaft, die sich bis zur völligen Regenlosigkeit im Küstengebiet steigert, gehört wesentlich zum Lebensbilde dieser Kultur, welche aus ihren Gräbern und deren Inhalt zu uns spricht.

Der auf Eroberungen gegründete Inkastaat Perus mit seinem Sonnenkönigtum ist von sozialistischem Kommunismus beherrscht und leitete seine Angehörigen zu jeder Art von Betriebsamkeit und Kunst in wirksamster Weise an. Auf der Grundlage fleißigen Ackerbaues und sorgsamster Tierzucht, die staatliche Regelung und Beaufsichtigung genossen, entwickelte sich eine Industrie nach verschiedenen Richtungen. Kunstvolle Weberei und Wirkerei sorgte für Schätze von Gewandung; die Töpferei erfuhr eine geradezu künstlerische Entwicklung; die Baukunst und Steinbearbeitung vollbrachten Werke, die das Staunen der Spanier erregten. Der Gebrauch der Metalle Kupfer und Erz, sowie der Edelmetalle Silber und Gold gab dem äußern Leben Glanz und Pracht. In geordneten Siedlungen und festen Städten saß die Bevölkerung friedlich und emsig beisammen; ein weites Straßennetz zog sich durch das ganze Herrschaftsbereich der Inkakultur. Künstliche Bewässerung und Düngung stellen fortgeschrittene Methoden der Feldarbeit dar. Brücken und Wasserleitungen wurden erbaut; für den Verkehr ein Botendienst im ganzen Lande eingerichtet. Eine Unzahl von großen und prachtvollen Ruinenstätten gibt vom Reichtum und den Arbeitskräften des Landes Zeugnis. Der Architektur dient eine hieroglyphische Skulptur in freigebigster Weise als Schmuck.

In solcher Betriebsamkeit äußerte sich das kommunistisch unter einem despotischen Herrscherwillen gehaltene Volk. Ein jeder war mit seiner Arbeit und Tüchtigkeit dem Staatswesen verpflichtet. Er hatte Leben, Familie, Kräfte und Lebensunterhalt vom Staatswesen zu Lehen. Im Mittelpunkt dieser kommunistischen Ideen und Einrichtungen stand die Dynastie mit dem Inka an der Spitze. Abgöttische Ahnenverehrung ist ihre stärkste Stütze gewesen, die aus jedem Inka einen neuen Gott und Beschützer seines Volkes machte. Wie Mexikos Herrlichkeit ist auch der Glanz der Inkaherrschaft in jähem Sturz durch die Konquista zertrümmert worden; die heutigen Indianer dieser Hochländer stehen den wilden Jägerstämmen des unermeßlichen Waldgebietes im Osten wieder näher.

Die südamerikanischen Waldindianer.

Das ungeheure Wald- und Stromland, das durch die Namen Brasilien und Guyana bezeichnet wird, ist die Heimat einer Bevölkerung, die zum großen Teil ohne feste Sitze nahe der Natur seit Jahrhunderten ein gleichsam prähistorisches Dasein hinbringt. Mit der neuerdings namentlich von Karl von den Steinen und Ehrenreich aufgestellten sprachlichen Einteilung der brasilianischen Stämme in Nuaruak (vom Küstenland Venezuelas bis zu den bolivischen Anden), in Kariben, die vom Xingù als berühmte Eroberer bis auf die Kleinen Antillen gekommen waren, heute sich indessen nur mehr auf dem Festland behauptet haben, in die Tupi des südlichen Brasiliens und Uruguays, die Gezvölker in Ostbrasilien ist auch in die Verwirrung der brasilianischen Ethnographie einiges Licht gekommen. Die zahllosen Horden und Stämme von geringerer oder größerer Kopfzahl, von denen in den Randgebieten bereits viele unter die modernen Verhältnisse gebracht worden sind, und von denen nur im Innern der Wälder unberührte und ungezähmte Vertreter herumschweifen, bieten im großen und ganzen ein einheitliches typisches Lebensgemälde dar, das vor allem auf die Jagd, daneben auch auf einen nomadischen Ackerbau gegründet ist.

Diese Stämme gehen zum Teil völlig nackt, zum Teil ist Schamverhüllung üblich. Bemalung, Tätowierung und allerlei entstellende Körperumformungen kehren überall wieder. Prächtiger Federschmuck von reichen Formen zeichnet sie aus. Ihre Hütten sind durch viereckigen Grundplan und die größte Einfachheit ausgezeichnet; die eigentliche Schlafstätte ist die Hängematte, eine ihrer vornehmsten Erfindungen. Zu ihren wirksamsten Waffen zählt das Blasrohr mit vergifteten Pfeilen; das Gift spielt überhaupt eine große Rolle. Der Stein liefert das Werkzeug, die Kenntnis der Metalle ist auf die westlichen Kulturgebiete beschränkt. Töpferei und Schnitzerei haben eine erstaunliche Entwicklung genommen; das Maskenwesen und die Bildnerei, ebenso das Ornamentenwesen steht seinen Ursprüngen noch durchsichtig nahe. Das Tabakrauchen und Tabakschnupfen mittels künstlicher Vorrichtungen geht durch alle Stämme; der Gebrauch von Koka zur Anregung des Nervensystems reicht von Peru in bedeutendem Umfang in das Waldgebiet herein. Berauschende Getränke aus Kassawebrot und Palmfrüchten, aus Mais und Bananen geben Gelegenheit zu festlichen Gelagen bis zu völliger Trunkenheit aller Teilnehmer. Ihre soziale Ungebundenheit mildert sich durch ihr tiefes Befangensein in der Stammessitte und durch eine rege Geisterfurcht, die auf hundert Schutzmittel bedacht ist. Auf allen lastet die Überfülle der Natur, welche hier mit tausendfachem Leben Geist und Wirtschaft des Menschen unterdrückt.

Die Patagonier und Feuerländer.

Noch haben wir der Urbevölkerung Chiles, nämlich der Araukaner, der Steppenvölker Südamerikas in seinen weiten südlichen Ebenen, der Patagonier, und der armseligen Fischerbevölkerung auf seinem ungastlichen, kalten und nassen Südhorn, der Feuerländer, zu gedenken. Jene sind durch die Einführung des Pferdes seit dem Entdeckungszeitalter aus wilden Jägern, die von der Jagd, dem Fischfang und den wilden Früchten der Steppe lebten, zu räuberischen Reitervölkern geworden, die mit Weib und Kind beständig herumirren und dem Wild mit der Bola oder der Kugelleine folgen. Es sind großwüchsige Stämme mit barbarischem Körperzierat, ihre Kleidung ist der europäischen abgeborgt, ihr Schmuck am liebsten Silber in unförmlichen Platten und Ringen. Mit Lanze, Bola und Lasso bewaffnet, sind sie gute Jäger und Krieger ohne stramme Organisation.

Vollends eine Kümmerbevölkerung, auf den unwirtlichen Rand des Erdteils hinausgedrängt, mit häufigen gräßlichen Notständen, leben die Feuerländer eine armselige Fischerexistenz ohne jegliche höhere Betriebsamkeit. Als echtes Naturvolk gewinnen sie indessen der Völkerkunde hohen Anteil ab, der hoffentlich zu umfangreicheren Ergebnissen führt, ehe es hier zu spät wird.

4. Die Australier.

In großer Abgeschiedenheit des Weltmeeres liegt der Inselkontinent Australien, entfernt von jedem Weltverkehr, mit wüsten und unzugänglichen Küsten. Von der Natur ist dieser Weltteil höchst stiefmütterlich bedacht. Das Klima ist vorwiegend trocken; die Wirkung der Dürre ist die vorwaltende Steppenbildung des Innern. Der regenreichere Norden hat zwar zahlreiche Wasserläufe, aber keinen Strom. Strauchsteppen, oft zum undurchdringlichen Gestrüpp verwachsen, in besseren Strichen bewaldetes Grasland geben der Landschaft den vorwaltenden Charakter. Wie die australische Vegetation keine einzige Feldpflanze geliefert hat, obwohl eine Reihe von pflanzlichen Nahrungsmitteln, an 20, aufgezählt werden, so gab auch die altertümliche Tierwelt dieses Erdteils kein Haus- und Nutztier an die Wirtschaft des Menschen ab. Entsprechend der armen Vegetation ist selbst das freie Wild recht armselig vertreten. Känguruh und Emu, flüchtige Tiere, sind das einzige größere Wild.

Den ganzen großen Kontinent bewohnt, außer den europäischen Kolonisten, in großer Übereinstimmung der Kulturhöhe, Sprache, Lebensweise und Sitten eine Bevölkerung von Negerart.

Wenn wir vom „Wohnen" reden, so haben wir uns bei der eingeborenen australischen Bevölkerung vor allem daran zu erinnern, daß wir an eine seßhafte Bevölkerung nicht denken dürfen. Es sind ausgesprochene Jägerstämme mit den typischen Merkmalen der materiellen und geistigen Kultur von Jägervölkern auf der untersten Stufe der menschlichen Kultur. Wenn wir in ihnen auch nicht eine bereits in tierischer Vorzeit des Menschen abgezweigte besondere menschheitliche Entwicklung erkennen können, wie manche Forscher wollen, so sind sie doch sicherlich eine der altertümlichen Völkergestalten, von denen wir wissen. Die Australneger charakterisiert hochgradiger Nomadismus, zu dem sie durch die Dürre des Klimas, die Kargheit der Vegetation und den erschreckenden Wassermangel verurteilt sind. Die Zahl der Australier ist daher stets eine sehr niedrige gewesen; und die geringe Kopfzahl der Stämme und Horden, zu welcher sie die Unsicherheit ihrer wirtschaftlichen Existenz verhielt, wirkte lähmend auf jedes Ansteigen zu höherer Entwicklung zurück. Seit der Entdeckung Australiens durch die Europäer und die Besitzergreifung der brauchbaren Ländereien durch dieselben ist naturgemäß ein unaufhaltsamer Rückgang dieser wirtschaftlich so überaus schwachen Rasse eingetreten, besonders begreiflich bei dem rücksichtlosen, oft unmenschlichen Vorgehen der Kolonisation, der verheerenden Wirkung epidemischer Krankheiten. Ihr völliges Aussterben ist, trotz wohlwollender Maßregeln der neueren Zeit und eines einsichtigen Regimentes, nur eine Frage der Zeit.

Die körperliche Erscheinung der Australneger ist, anthropologisch genommen, wohl eine sehr einheitliche, schwankt aber doch je nach den Lebensbedingungen von der Schreckgestalt der verkümmerten Existenzen am King George-Sund zu der Stattlichkeit kräftigen Körperbaus, beispielsweise der Küstenbewohner von Queensland. Bei hoher und schmaler Schädelform besitzen sie stark vorspringende Kiefer (Prognathie) bei eingesunkener Nasenwurzel und sehr tiefliegenden Augenhöhlen. Die schwarzen Haare stehen zottig vom Kopf ab, die Körperbehaarung ist stark entwickelt. Die dunkle Hautfarbe schwankt zwischen rötlichgelben und tiefschwarzen Nuancen.

Die primitive Kultur dieser in zahllosen Stämmen und Horden über den ganzen Kontinent zerstreuten Rasse gründet sich auf die Wirtschaftsform des echten, unsteten Jägertums. Der Lebensunterhalt wird zumeist durch die Jagd auf jedes Getier, vom Känguruh bis zur Käferlarve, bestritten. Die Behelfe dabei sind Speer und Bumerang, der Grabstock, Schnellfüßigkeit und das Feuer. Die Hunde, der australische Dingo, sind weniger Jagdgenossen, als leckere Nahrung. Fischfang wird in allen Wässern, mit den Händen, mit dem Netz und mit spitzen Stäben betrieben. Zur Ausfüllung der kargen Tafel werden Reptilien, Maden, Schaltiere und Kerbtiere niemals verschmäht und, wo immer sie sich bieten, behende aufgegriffen. Wenn die tierische Jagdbeute den Männeranteil an dem täglich beschafften Lebensunterhalt darstellt, so sind die pflanzlichen Speisen die mühselige Beisteuer der Weiber, die mit dem Grabstock bewaffnet Wald und Steppe durchsuchen. Nichts wird verschmäht, was nur irgend den Hunger zu stillen vermag. Wurzeln, Früchte und Samen werden eingesammelt und durch Rösten genießbar gemacht. Die Körner des im Sumpfland wachsenden wilden Reises und anderer wildwachsender Getreidearten führen eingesammelt zur Mehlbereitung und zum Brotbacken vor jedem Ackerbau, der hier nur in schwachen Spuren angetroffen wird. Die Zubereitung der Speisen am offenen Feuer ist die einzige Methode, sie genießbar zu machen; Kochen in Töpfen ist unbekannt. Die Sorge um Trinkwasser ist ein Hauptgrund zu unablässigen Wanderungen und zu häufigen Fehden der Stämme untereinander. In der dürren Jahreszeit ist es in dem ausgetrockneten Lande die Hauptsorge der schweifenden Horden, zu den wohlbekannten tiefen Stellen zu gelangen, die noch Wasserlachen bergen. Künstliche Mischtränke werden aus Baumhonig und Eukalyptus-Gummi aufgegossen.

Menschenfresserei ist den Australnegern nicht fremd. Ihre Motive sind Leckerei und Rachsucht; in Zeiten der Not nimmt sie erschreckend überhand. In den von europäischen Ansiedlern bewohnten Strichen fast völlig verschwunden, wütet sie in Zentralaustralien noch immer. Abergläubische Ideen spielen dabei mit; unter den Stämmen des Innern steht auch der Endokannibalismus, das Leichenverzehren von Angehörigen, im Schwang.

Das Obdach ist unter den Australnegern der Gegenstand nur sehr geringer Sorgfalt. Wetterdächer aus Zweigen, Lauben, Windschirme aus Rindenstücken über einem flüchtigen Gestell sind in Neu-Süd-Wales, in Queensland, am King George-Sund die häufig improvisierten Wohnungen. Im Norden ist der Hüttenbau weiter gediehen und stetiger als im Süden. Das Feuer ist der Mittelpunkt dieser dürftigen Lager- und Schutzräume. In Mittelaustralien gibt es übrigens auch ständige Hütten, welche einer sehr kleinen Zahl von Personen Unterschlupf gewähren. Papuanischer und malaiischer Einfluß hat, wie sonst, in Nord- und Westaustralien stabilere Niederlassungen zur Folge gehabt. Man kann hier von wirklichen Dörfern sprechen.

Obwohl das Klima Australiens namentlich im Süden von besonderer Rauheit ist und durch häufige empfindliche Wetterumschläge charakterisiert wird, ist doch das Kleidungsbedürfnis der australischen Rasse ein höchst geringes. Der Männergürtel aus Gras, Bast oder Haaren ist mehr Schmuck oder hygienischer Behelf (Hungergürtel) als Kleidung. Ein Stück Opossum- oder Hundefell schützt, um die Schultern geworfen, gegen Kälte und den empfindlichen Regen. Allgemein verbreitet unter den Weibern ist der Mantelsack aus Känguruhfell zum Bergen der säugenden Kinder.

Auf den Wanderungen geht man am liebsten nackt; Feste und Tänze rufen reichlichen Bekleidungsausputz und Leibschmuck hervor. Dazu zählt vor allem die Hautbemalung in Rot, Weiß und Schwarz, den drei Urfarben jeglichen Ausputzes. Die Haarkronen werden zum gleichen Schmuckzweck mit Erden gefärbt; die Narbenverzierung mit hohen Narbenwülsten auf Brust und Rücken, als Stammesabzeichen ausgeführt, fehlt selten. Barbarischer Hals- und Armschmuck aus Perlmutterschalen, Zähnen und Krebsschalen oder Rohrstengeln, geflochtene Reifen bilden den Tanz- und Festschmuck. Besonders schmückt sich das männliche Geschlecht.

Waffe und Werkzeug charakterisieren die australische Kultur als der rohen Steinzeit angehörig. Speere, deren Spitzen im Feuer gehärtet oder mit scharfen Kieseln bewehrt sind, mit und ohne Widerhaken, werden mittels eines Wurfstockes geschleudert, leichtere Jagdspieße mit der Hand. Mit Keulen wird geschlagen oder, im Süden, auch geworfen. Bekannter sind die Bumerang oder Wurfhölzer von eigentümlicher Krümmung, welche zum Standpunkt des Schleuderers zurückwirbeln, eine gefährliche Kriegs- und wirksame Jagdwaffe, die bis auf 200 Schritte ihr Ziel trifft. Zur weiteren Ausrüstung der Männer gehört noch das Steinbeil, im Norden wie im Süden gleich verbreitet, mit primitiver Holzschäftung. Die Waffe der Weiber, zugleich ihr bestes Werkzeug und ihr unzertrennlicher Begleiter, ist der Grabstock mit feuergehärteter Spitze. Den Männern dienen noch Parierschilde aus Holz, die besten im Norden, deren Bemalung mit eigentümlichen Ornamenten (Schlangenschuppenmuster u. dgl.) die Stammeszugehörigkeit bezeichnet.

Dieser armseligen materiellen Ausrüstung, in welcher wir Ackerbau und Viehzucht völlig, die Beihilfe von Haustieren, sowie auch die Schiffahrt fast gänzlich vermissen, entspricht die lose gesellschaftliche Fügung, die altertümliche Form der Familien- und Hordenverfassung. Die Ehe ist meistens monogamisch, ohne Vielweiberei auszuschließen; durch eine Fülle verwickelter Ehegesetze wird ängstlich Blutnähe vermieden (Exogamie). Frauenraub herrscht vor, Tausch und Kauf der Weiber tritt daneben auf. Die Verwandtschaft wird nach der Mutter gerechnet. Die Heiratsklassen und Altersstufenklassen, in welche die Stämme sich einteilen, stellen ein höchst verwickeltes System der Stammeszugehörigkeit vor. Mit dem Eintritt der Reife, mit welcher der Eintritt in den Stamm erfolgt, sind religiöse Zeremonien, Beschneidung der Jünglinge, Verstümmelungen, wie das Ausschlagen von Zähnen, mannigfach verbunden. Die einzelnen Stammesgruppen oder Horden werden häufig von Häuptlingen geführt, die jedoch keine nennenswerte Gewalt ausüben. Blutrache ist die allgemein bekannte Form, in welcher das Stammesrecht geschützt und festgehalten wird.

Die Beziehungen zwischen benachbarten und verwandten Stämmen werden im Frieden bei Fest- und Tanzgelagen aufrecht erhalten und neu geknüpft; schwache Ansätze des

Völkerrechts regeln die Beziehungen zwischen Stammfremden oder sich kriegerisch befehdenden Horden. Kämpfe der Stammesgruppen untereinander sind häufig; ungesühnte Morde, Frauenraub oder Streitigkeiten um Jagdgründe, Wasserquellen sind die häufigsten Veranlassungen dazu. Die Kriege verlaufen, wie überhaupt bei Völkern der Unkultur, selten blutig; sie zerfallen in eine Reihe von Einzelkämpfen und werden wohl auch durch Zweikämpfe geschlichtet.

Die geistige Entwicklung der Australneger hält sich auf der primitiven Stufe ihrer materiellen Wirtschaft und ihres geselligen Daseins. Es ist die Geistesenge eines Jägervolks, welche sie charakterisiert. Zur Entwicklung der Schrift sind sie noch nicht gelangt; eine Art Bilderschrift zeigt sie auf ihren interessanten Botenstäben. Ihre Kunst, die in der Haut- und Gerätebemalung, namentlich auf den Schilden, in Fels- und Rindenzeichnung zum Ausdruck kommt, zeigt die scharfe Beobachtung geübter Jäger in Darstellungsweise und Gegenständen. Die Dichtung, Musik und Gesang sind noch nicht über die primitive Stufe wilden Gelärms zu Zwecken psychischer Erregung hinausgekommen. Ihre Tänze, zum Teil tiernachahmender, gymnastischer Art und vorwiegend von erotischer und obszöner Bedeutung, sind der treueste Ausdruck ihrer künstlerischen Bedürfnisse und Fähigkeiten.

Von bleicher Geister- und Gespensterfurcht besonders in der Nacht bedrängt, vom festen Glauben an Zauberspuk und Hexenkünste erfüllt, der insbesondere aus jedem Todesfall einen Bosheitsakt macht, ist das religiöse Bewußtsein der Australneger unzusammenhängend und ungeordnet wie ihr ganzes sonstiges Denken und Treiben. Ahnen- und Götterbilder fehlen ihnen vollständig, nicht so aber Mythus und Naturvergeisterung. Zauberer und priesterliche Ärzte sind in jedem Stamm vorhanden, gefürchtet und gehaßt. Häufig zahlen sie ihre scheu verehrte Kunst mit dem Tode.

Zur australischen Rasse gehörig sind hier noch die bereits völlig ausgestorbenen Tasmanier zu nennen, die in Kulturbesitz und Geistesentwicklung die engste Verwandtschaft mit der Bevölkerung des Kontinents bezeugten, indessen einigen Einfluß seitens der Papuaner verrieten.

5. Die Völker des Stillen Ozeans.

Viele Tausende von Inseln sind östlich und nördlich von Australien im Weltmeer zerstreut: größere in der Nähe des Kontinents, dichte Schwärme von kleineren liegen in Meerfernen draußen. Sie werden von einer Völkermasse bewohnt, welche anthropologisch sehr verschiedenen Rassen angehört. Auf den an Australien angrenzenden Inseln, zu welchen vor allem die große Insel Neu-Guinea, sowie die Inseln des Neu-Britannia-Archipels, Neu-Irland, Neu-Hannover, Neu-Kaledonien, die Neuen Hebriden, die Salomons-Inseln und der Fidschi-Archipel gehören, wohnt eine von den Australnegern sprachlich wie anthropologisch abweichende Negerbevölkerung, welche als Papuas zusammengefaßt werden und anthropologisch mit der dunkelhäutigen Urbevölkerung der nordwestlich liegenden kleinen Sunda-Inseln, den Alfuren, sowie mit negroiden (dunkelhäutigen, negerartigen) Elementen der Philippinen und der Halbinsel Malaka näher oder ferner zusammenhängen.

Die ungeheure Inselflur von weitverstreuten Korallen-Eilanden, die man als hohe und niedere unterscheiden mag und unter dem Namen Polynesien zusammenfaßt, ist von einer in wiederholten Einwanderungszügen aus dem Westen gekommenen Bevölkerung malaiischer Verwandtschaft besiedelt, den Polynesiern, zu welchen hauptsächlich die Einwohner von Neuseeland, von Tonga, Samoa, den Hervey-Inseln, Tahiti, Hawai und der Osterinsel zählen. Eine Mischbevölkerung aus diesen beiden Rassen, bewohnen die Mikronesier die Gruppen der Marschalls-, Gilberts- oder Kingsmill- und Karolinen-Inseln.

Abgesehen von der Bewohnerschaft der großen Eilande, macht die Inselnatur ihrer Wohnorte diese Völkerschaften

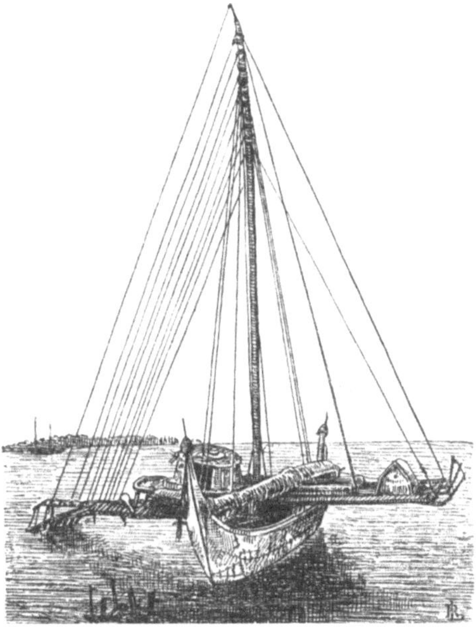

Fig. 29. Boot mit Auslegebalken von den Marschall-Inseln.

vor allem zu Schiffern, Fischern und Wanderern. Sie leben, dem Meere eng verschwistert, gleichmäßig von seinen Vorräten wie von den Gütern der festen Erde. Die Unterlage des Lebensunterhaltes ist hier einerseits der Meerfang, andererseits eine Reihe von Fruchtbäumen, die nach den verschiedensten Beziehungen ins materielle Leben der Menschen eingreifen. Vor allem ist da die Kokospalme zu nennen, welche Nahrung wie Kleidung, Material für das Obdach wie für das mannigfaltigste Hausgerät spendet; nächst der Kokospalme der Brotfruchtbaum, dessen Erträgnisse von paradiesischer Freigebigkeit sind: zehn Bäume vermögen eine Familie zu ernähren. Auch die Sagopalme nimmt, besonders im Westen des Gebietes, ihren wohltätigen Anteil, so auch die Tarogflanze, der eigentliche Gegenstand des hier regelmäßig betriebenen Ackerbaus. Jagdbares Wild fehlt dagegen fast gänzlich; nur auf den größeren Eilanden, die Festländern an Umfang gleichkommen, auf Neu-Guinea, Neu-Seeland sind Hund und Schwein, in verwildertem Zustand, kleinere Nager, die großen Laufvögel, wie Kasuar und Kiwi, auf Neu-Seeland früher auch der schon sagenhaft gewordene Riesenstrauß Moa und sonst überall die kleinere Vogelwelt Gegenstand der Jagd.

Papuas und Melanesier.

Eine dunkelhäutige Rasse mit ausgesprochenen Langköpfen, krausen schwarzen, das Haupt in zottiger, oft verfilzter Haarkrone umgebenden Haaren und kräftigem Körperbau nimmt, wie bemerkt, die große Insel Neu-Guinea, die melanesischen Inseln ausschließlich ein, mischt sich mehrfach in die polynesische und mikronesische Bevölkerung und erstreckt sich westwärts in blutsverwandten Gliedern bis ins asiatische Festland. Ihr üppiger Haar- und Bartwuchs, die etwas prognathen Gesichtszüge, die breite, etwas semitisch geformte Nase verleihen ihnen einen Typus, der sie unschwer aus anderen Bevölkerungselementen herauskennen läßt. Ihre Sprachen sind einerseits untereinander durch unverkennbare Übereinstimmungen als verwandt zu bezeichnen, andererseits bestehen gemeinsame Züge mit den polynesischen Sprachen, die kaum auf eine Entlehnung zurückzuführen sind. Sie haben von ihren Kulturmitteln mehrfach an die anderen Rassen der Südsee abgegeben, haben aber im Tausch hierfür an zahlreichen Punkten malaio-polynesischen Kulturbesitz empfangen.

Ohne den Besitz des Eisens ist ihre Gesittung technologisch auf die Verarbeitung der Steine, der Muscheln und des Holzes gegründet. Sie sind in diesem Sinne ein Steinzeitvolk jüngerer Stufe, den neolithischen Menschen der Vorgeschichte entsprechend. Ihre materielle Existenz ist vorwiegend auf den Ackerbau gegründet, der nicht überall ausschließlich den Weibern überlassen ist, wie in den Urzeiten des Ackerbaus sonst, sondern an dessen Mühen auch die Männer ihren Anteil nehmen. Die Baumzucht steuert ihre reichen Erträgnisse bei; die Jagd ist geringfügig. Ergiebig ist die Fischerei, die hauptsächlich durch große Zugnetze zu Schiff, durch Reusen und Angeln betrieben wird. Neben dem Braten und Rösten der Nahrungsmittel sind die Papuaner Neu-Guineas, des Fischi-Archipels und Neu-Kaledoniens bereits zur Kunst des Kochens in irdenen Gefäßen, den Erzeugnissen der Weiber, fortgeschritten.

Eine stetige, feldbestellende Bevölkerung, wohnen die Papuas in festen, am liebsten in Waldlichtungen versteckten Ansiedlungen, die meistens lauter verwandten Familien Obdach geben, in festen Häusern aus Holz, Rohr und Mattenflechtwerk, die zu den schönsten und geräumigsten Bauwerken der Südsee zählen. Häufig sind es auch zu Lande auf Pfählen erhöhte Wohnungen, die vom Ordnungssinn und einem gewissen Kunsttrieb ihrer Erbauer zeugen. Die Wohnungen der Ahnenfiguren und Götter, die Gemeindehäuser und die Junggesellenhäuser sind zuweilen architektonisch hervorragende Leistungen des Holzbaus.

Genügsamer als im Obdach sind die Papuaner in ihrer

Bekleidung; die Milde des Klimas gestattet fast völliges Nacktgehen. Die Verhüllung der Blöße wird beim weiblichen Geschlecht durch einen mannigfach ausgeputzten Gras- oder Fransengürtel, beim Mann noch mangelhafter und mehr als Putz- und Reizmittel gemeint durch Kürbisschalen, Muscheln oder einen Lendenbastgürtel besorgt.

Weit ausgiebiger ist für den Ausputz des Körpers gesorgt. Die Haarkrone wird zu kunstvoller Haarwolke aufgelockert und mit Kalk oder Farbe gebeizt; die Hautmalerei, Narbenzeichnung und Tätowierung verleihen den dunklen Körpern ein phantastisches und martialisches Ansehen. Ohren und Nase empfangen mannigfachen Schmuck, ebenso Brust, Arme und Handgelenke; der Leib wird in einen Rindengürtel gezwängt oder mit Federbinden verziert, Knie und Waden werden nicht vergessen. Buntes Flechtwerk, seltsame Preziosen als Eberhauer- und Hunde-, sowie Menschenzähne, endlich bunte Federn des Paradiesvogels, des Papageien und des Kasuars sind die einfachen Mittel, mit denen die Schmucksachen hergestellt werden. Die Zufeilung der Zähne, zunächst ein Stammeszeichen, ist auch in diesem Zusammenhang zu erwähnen.

Reich wie der Schmuck ist die Bewaffnung. Kunstvoll geschnitzte Speere, nach Völkern und Landschaften verschieden, werden mit der Hand und mit dem Wurfholz geschleudert. Bogen und Pfeil, auf Neu-Guinea und den Salomonsinseln kunstvoll verziert, fehlen nur wenigen Gebieten, wie dem Neu-Britannia- oder dem Fidschi-Archipel. Keulen mit und ohne Steinknäufe, Holzschwerter, Wurfkeulen, Steinbeile vervollständigen dies altertümliche kriegerische Arsenal, zu welchem noch Schilde aus Holz und Rohr, Flechtwerk, Panzer-, Arm- und Beinschutz aus Lianenranken hinzutreten. Wie bei den Australnegern ist aber auch bei den Papuanern die Kriegführung keine sehr heldenhafte und blutige. Hinterhalt und Tücke, Verräterei und Feigheit sind weit häufigere Kampfmittel als offene Waffenführung.

Ihre Schiffahrtkunst mit vortrefflich gebauten Booten, an deren Seiten Schwimmbalken, die sogenannten Ausleger, die Gefahr des Umschlagens bei hoher See vermindern, stellt sie in die erste Reihe der seetüchtigen Völker. Von Fidschi sind uns sogar Doppelschiffe mit verbindender Brücke und Auslegern bekannt.

In sozialer Hinsicht herrscht eine ähnliche Zersplitterung in kleine Stammesteile wie in Australien. Die monogamische Eheform weist indessen hier reinere und festere Züge auf als dort. Die Sittlichkeit ist trotz Nacktgehens höher entwickelt. Die Sitte der Witwen- und Elterntötung, sowie der nicht seltene Kindermord sind mehr auf Rechnung der

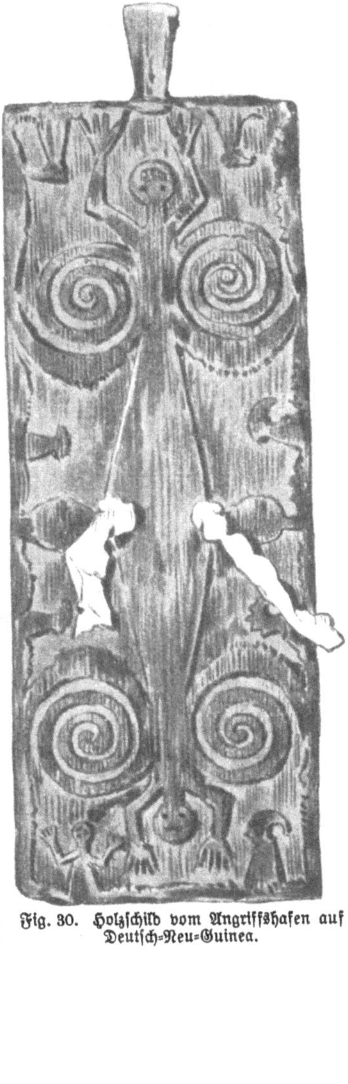

Fig. 30. Holzschild vom Angriffshafen auf Deutsch-Neu-Guinea.

noch unentwickelten Wirtschaftsverhältnisse, sowie religiöser Motive zu setzen, als ihrer natürlichen Grausamkeit zuzuschreiben. Vom Makel der Menschenfresserei sind sie keineswegs freizusprechen. Das Häuptlingswesen, auf Tabusatzungen und ähnliche den Polynesiern entlehnte Einrichtungen gestützt, ist durchwegs weit mehr ausgebildet, als unter den Australnegern. Es steigert sich örtlich, wie in Neu-Guinea oder auf Fidschi, zu kleinen Despotien. Blutrache ist auch unter dieser in Stammesgenossenschaften zerfallenden Bevölkerung die einzig bestehende Form der Strafpflege. Sklaverei ist eine überall bekannte Einrichtung. Eigentum ist entwickelt und durchwegs respektiert. Es ist sogar zur Bildung von Geld gekommen, das im bekannten Muschelgeld (Diwarra), sowie in den feinen Muschelperlenschnüren Neu-Irlands in typischen Formen vorliegt. Es gibt papuanische Kapitalisten, welche Geld zu Wucherzinsen verleihen und ihre Schätze in eigens erbauten Gemeinde-Schatzhäusern aufbewahren.

An allen seinen Geräten, wie an seiner Erscheinung offenbart der Papua seine geistig aufgeweckte, lebhafte, zu allerlei Kunst hinneigende Geistesart. Er liebt überall reiche, in grellen Farben auftretende Ornamentik, in welche er seine mythische Vorstellungswelt hineinspielen läßt. Der Schrift entbehrend, spricht er sich vielfach in solchem Zierat aus. Seine religiösen Regungen sind völlig die von Völkern auf rein animistischer Stufe. Er fürchtet und verehrt die Abgeschiedenen und weiht den Ahnengeistern Kult, Bilder und Tempel, wenn man diesen Ausdruck für die bescheidenen Hütten mit plumpen Holzgötzen gelten lassen mag.

Polynesier und Mikronesier.

In großer Ungleichheit der Bevölkerungsdichte sind diese beiden Rassen über die ungeheure Inselflur östlich von den

Inseln der Papuas und Melanesier verteilt. Mit Recht hat man diese Ausbreitung über einen Raum von 210 Längen- und 80 Breitengraden für eine erstaunliche Tatsache erklärt. Sie ist nur erklärlich bei einem eminent schiffahrenden Volke, dessen Wanderungen unter dem Antrieb der verschiedensten Motive allmählich, aber stetig von Archipel zu Archipel gingen. Hungersnöte, politische Unruhen, Handelszwecke, endlich Sturm und Meeresströmung sind die treibenden Mächte dieser kaum eine Inselgruppe außer acht lassenden Verbreitung. Ein ausgesprochener Wandersinn, wie er dem Malaien im Blute liegt, unterstützte alle diese äußeren Einflüsse. Seit der Entdeckung und Kolonisation Polynesiens und Mikronesiens ist ein starker Rückgang zu bemerken. Die einheimischen Industrien werden verschlechtert und aufgegeben, Krankheiten räumen in entsetzlicher Raschheit mit der Volkszahl auf, die eingeborene Kultur zerbricht im Zusammenstoß mit der europäischen wie ein schlechtgebranntes Tongeschirr. Mit der technischen geht die sittliche und politische Auflösung Hand in Hand. Die europäischen Kulturnationen und die Amerikaner haben hier überall wie die kulturelle, so die politische Vorherrschaft angetreten.

Die Völker Polynesiens sind mit den Malaien sprachverwandt und stehen ihnen auch körperlich nahe durch ihr straffes, schwarzes Haar, die gelbbraune Lederfarbe der Haut und durch mehrere Momente der Gesichtsbildung. Sie zeigen vielfach ein Herabsteigen von früherer Kulturhöhe, wie auf der Osterinsel, wo sich zahlreiche Überreste von Steinbauwerken und Steinskulpturen vorfinden, oder auf den Karolinen mit ihren merkwürdigen Königsgräbern und Steinterrassen.

Im übrigen sind die polynesischen Völker keineswegs von einheitlicher Kulturhöhe oder Kulturform. Die neuseeländischen Maori sind fast als ein Jägervolk zu bezeichnen, die Bewohner der niederen Korallen-Inseln sind im eminenten

Sinne Fischer. Die pflanzlichen Nahrungsmittel, Kokos, Brotfrucht und Knollengewächse, sichern überall am meisten die Existenz. Hund und Schwein sind ihre einzigen Haustiere. Technologisch leben sie auf der Stufe der jüngeren Steinzeit. Ihre Kochkunst behilft sich noch, bis auf die Pelau-Insulaner, bei denen nach Kubary die Töpferei blüht, ohne Tongeschirr: das Kochen mit glühenden Steinen in Gruben ist hier zu Hause. Zur Wohnung leihen die Palmen ihr Holz und ihre Blätter, zur Kleidung der Papiermaulbeerbaum seinen Bast. Auf dem Meer sind Polynesiens Völker wie zu Hause; ihre Schiffahrtskunst mit Segelbooten, die durch den Auslegbalken vor dem Umschlagen geschützt werden, ist hochberühmt. Die polynesische Gesellschaft ist bereits zur Gliederung in Fürsten, Adel und gewöhnliches Volk vorgeschritten mit scharfer Betonung vielseitiger Vorrechte auf der einen und Pflichten auf der anderen Seite. Überall ist dabei religiöse Unterlage und mythische Begründung zu bemerken. Die merkwürdigen und verwickelten Tabusatzungen oder Heiligungen hielten das Plebejertum im Zaum. Dem aristokratischen Häuptlingswesen steht überall eine priesterliche Entwicklung schamanistischer Art stützend zur Seite. Der herrschende Ahnenkult ist nach der mythischen Seite reich ausgebildet und mit einer Verehrung von Naturkräften verbunden, wozu die so eindrucksvollen geologischen Ereignisse und Erscheinungen ihres Wohngebietes reichlich Veranlassung gaben. Anmutige und von epischem Leben erfüllte Schöpfungssagen und Urspekulationen sind in Neuseeland und auf Hawai zu Hause. Wie die religiöse Dichtung, ist die Kunst mythisch beseelt; eine unerfreuliche Phantastik glotzt verwirrend aus ihren bizarren Holzschnitzwerken, die vom technischen Standpunkte in ihrer Art als Meisterwerke bezeichnet werden können. Zur Schrift sind die Polynesier auf einem einzigen Kulturmittelpunkt vorgedrungen, auf der einsam gelegenen Osterinsel, wo sich auch sonst merkwürdige und ehrwürdige Zeugnisse einer ehemaligen höheren Gesittung erhalten haben.

Die Mikronesier unterscheiden sich kulturell nur in gewissen Dingen von den polynesischen Völkerschaften. Spuren ehemaliger reicherer Entwicklung des gesellschaftlichen Lebens, als Geld, Webstuhl, Seekarten, sind mehrfach vorhanden. Im Osten überwiegen polynesische Einflüsse; gegen die melanesischen Inseln zu zeigt sich sprachlich, anthropologisch und kulturell das dunkle Element.

6. Die Malaien.

Sie sind der asiatische Zweig der großen malaio-polynesischen Völkerfamilie, der den gemeinschaftlichen Ursitzen, die man in Südostasien vermutet, näher geblieben ist, die sich indessen als echtes Schiffer- und Seevolk weit über die Grenzen des malaiischen Archipels, nördlich bis Formosa und in die japanische Inselwelt, westlich bis nach Madagaskar an Afrikas Ostküste verbreitet hat. Als deutlich gekennzeichnete Rasse bewohnen sie, mit sehr verschiedener Kulturhöhe, in großer Stammeszersplitterung und fast durchwegs in staatlicher Ordnung, die großen und kleinen Sundainseln im malaiischen Archipel. Als Kulturvölker mit uraltem Geschichtsleben, das zunächst indischen, brahmanischen und buddhistischen Kultureinflüssen verdankt wird, bewohnen die Javanen das östliche, die Sundanesen das westliche Java. Auch Sumatra besitzt in seiner größeren Ausdehnung eine althistorische Kulturbevölkerung, während die Atschinesen des Nordens und die Lampongs, sowie die Batak des Hochlandes noch barbarischere Elemente darstellen. Borneo besitzt in den Dayak eine vielfach noch höchst primitive Bevölkerung; Celebes wird von den Buginesen und Makassaren eingenommen. Auf den Philippinen treffen wir eine bunte Fülle von größeren und kleineren Stämmen von verschiedener

Kulturhöhe, unter welchen die Tagalen von Luzon und die Bissaya als die bedeutendsten hervorzuheben sind. Auf der Halbinsel Malaka hausen die Malaien im engeren Sinn, während versprengte Glieder dieses Stammes auf Ceylon, in Südindien, Ostafrika usw. eine Heimat gefunden haben. Auf Formosa bilden sie im Innern, wie an den Küsten unter den chinesischen Bezeichnungen der Chinwan und Chekwan die einheimische, halbwilde Bevölkerung; sie haben, wie man mehr und mehr zu glauben geneigt ist, an der Bevölkerung der Liukius und selbst der japanischen Inseln ihren Anteil gehabt. Auf Madagaskar sind die Hovastämme malaiischer Herkunft, wie sich auch in der zweiten Bevölkerungshälfte der großen Insel, den Sakalaven, manches malaiische Element verbirgt.

Der Kern malaiischen Wesens, malaiischer Kultur und Gesittung findet sich auf den meisten Inseln im Innern unter dem Schutz gebirgigen Terrains oder an unwirtlichen Küstenstrichen erhalten; die offenen Landschaften und verkehrsreichen Küsten sind von Bevölkerungen eingenommen, welche wohl das Malaiische als allgemeine Umgangssprache gebrauchen, jedoch von allen fremden Kulturelementen, die hier nach- und nebeneinander auf die angestammte Art eingewirkt haben, Züge an sich tragen. Ein vollständiges Kulturland ist die Perle der Inseln des Archipels: Java mit seiner reisbauenden, gewerblich und kommerziell fortgeschrittenen Bevölkerung, die in den ersten Jahrhunderten unserer Zeitrechnung tiefgreifende Einflüsse von der Hindukultur, zunächst brahmanische, sodann buddhistische erfahren hat, wovon die Geschichte und Staatenbildung auf Java, Literatur und Theater, bildende Kunst und Architektur denkwürdige Zeugnisse aufzuweisen haben. Die Ruinen der Tempelanlagen zu Borobudur in Mitteljava gehören zu den großartigsten Überresten buddhistischer Baukunst. Das Sanskrit hat durch Vermittlung des Kawi, der epischen Dichtersprache, auf Sprache und Literatur der Javanen dauernde Einflüsse ausgeübt; die indische Schrift, und zwar sowohl die Sanskritschrift Devanagari, wie insbesondere die südindischen Alphabete sind die Stammformen für zahlreiche malaiische Schriftarten, soweit sie sich nicht der arabischen Schrift bedienen, geworden. Ebenso ist die malaiische Mythenwelt durch die indische bereichert worden; der Kult selbst dagegen, auf Animismus, auf Geister- und Ahnenverehrung gegründet, ist wesentlich einheimisch nach Ursprung und Formen. Eine derselben sticht bei den meisten malaiischen Völkern hervor, der Schädelkult, der zum Schädelraub, der Ursache unablässiger Stammesfehden, geführt hat.

Fig. 31. Ahnenbilder, aus Holz geschnitzt, von Nordwest-Neu-Guinea.

Selbst das materielle Dasein der malaiischen Völker, auch abgeschlossen lebender, wie der Batak auf Sumatra, zeigt sich von der indischen Kultur in vielen Stücken bereichert. Vor allem ist die Kenntnis und Benützung der Metalle zu Waffen und Geräten hierher zu zählen; die Kenntnis und Kunst des Reisbaues, der künstlichen Bewässerung der Felder, die Webe- und Färbekunst, die Goldschmiedekunst im Dienst eines ausgeprägten Schmucktriebs sind indischer Import. Seit mehreren Jahrhunderten ist der indische Einfluß vom mohammedanisch-arabischen abgelöst; namentlich die geistige Kultur und die sittlich-religiösen Verhältnisse erleiden vom Islam ausgiebige Beeinflussungen. Das chinesische Element, das im ganzen malaiischen Archipel im Handelswesen eine bedeutende Rolle spielt, dringt auf leiblichem Wege durch Blutmischung, wie durch sein Beispiel zersetzend in den malaiischen Charakter ein.

Fig. 32. Weib der Orang-Semang auf Malaka.

Es ist sehr schwierig, von der Mannigfaltigkeit der Lebensverhältnisse und der Verschiedenheit der Kulturhöhe unter den malaiischen Völkern einen ausreichenden Begriff zu geben. Auf tiefer Stufe der Barbarei stehen Stämme wie die Dayak in den Urwäldern Borneos oder die Batak auf dem Hochlande von Sumatra, die noch dem Kannibalismus huldigen. Glanzvolle Despotien mit streng kastenmäßiger Gliederung der Gesellschaft, auf welche der Abglanz indischen Lebensgeschmacks fällt, stehen ihnen auf der anderen Seite auch Java und Sumatra gegenüber. Ihre moralische Seite wägt Peschel sehr richtig ab, wenn er sagt, daß der Malaie bei seiner Verschlossenheit, seinem Schweigen, seinem Knechtessinn gegen Obere, seiner Härte gegen Niedere, seiner Grausamkeit, seiner Rachsucht und leichten Verletzlichkeit kein freundliches Gemälde gewähre.

Das sind Eigenschaften, die von der Rasse zum großen Teil im Drucke der Abhängigkeit von fremden Beherrschern erworben worden sind.

7. Die Asiaten.

Der größte Kontinent, von der älteren Geschichtschreibung und den heiligen Büchern unseres Glaubens gleichmäßig als die Wiege der Menschheit bezeichnet, ist Asien durch seine ungeheure Längen- und Breitenausdehnung in der Tat die große Heimat der meisten altweltlichen Völkerkreise und der ältesten Kulturen. Diese ungeheure „officina gentium“, wie ein alter Geschichtschreiber den Erdteil genannt hat, ernährt seit der Urzeit weitaus die größte Mehrzahl von Menschen unter den allerverschiedensten Lebensbedingungen und Naturverhältnissen. Der rauhe, unwirtliche Norden mit seinen ungeheuren Stromgebieten, Steppen- und Waldlandschaften gibt unsteten Jäger- und Fischervölkern karge und unsichere Existenz. Hoch- und Innerasien mit seiner großartigen, aber unfruchtbaren Gebirgswelt dient einer halb nomadisch, halb räuberisch lebenden, zersplitterten Bevölkerung zum Schlupfwinkel. Die weiten und fruchtbaren Stromlandschaften Chinas erzeugen eine Bevölkerung, die dicht wie die Halme des Feldes nebeneinander wächst, von uralter Kultur beherrscht, durch stetiges Wachstum und Auswanderung bis auf die angrenzende Inselwelt im Norden des Indischen Ozeans hinausgeführt und in den letzten Jahrzehnten selbst über das Weltmeer dringend, um die Neue Welt wie eine Heuschreckenwolke zu überziehen. Auf der riesenhaften indischen Halbinsel, die sich Europa an Ausdehnung und Mannigfaltigkeit der Naturkontraste vergleicht, ist abermals vielförmiges Menschentum in Millionenzahlen zu Hause, Völker, die noch am untersten Teilstrich der Kultur haften, und Geschichtskreise höchster Entwicklung dicht neben-

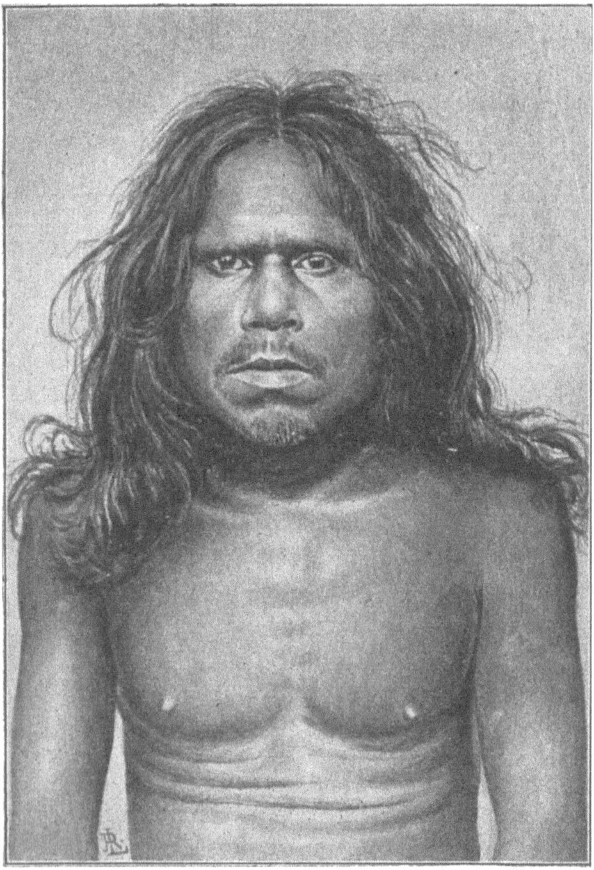

Fig. 33.
Wedda-Mann, Ceylon. (Nach Sarasin.)

einander. In Hinterindien, im Dunkel seiner Gebirgswälder barbarische Zustände zahlreicher, teilweise noch halb unbekannter Stämme, während auf seine ins Meer hinausschauenden Gebiete der Abglanz indischer Kulturgröße fällt. Und endlich der vordere Orient, seit ältesten Geschichtszeiten der Schauplatz eines ungeheuren Völkergemenges und großer Völkerschiebungen von weittragendster Bedeutung.

Alles bot der Erdteil, was die Natur an ihrer Gunst und ihren Schätzen in jeder Art zu bieten hat. Eine großartige, artenreiche Tierwelt, aus der der Mensch sich seine bedeutungsvollsten Genossen und Gehilfen zugesellen mochte, belebt die Landschaften: Das Renntier und der Hund, in hohen Breiten eine Lebensbedingung unerläßlicher Art; das Pferd in den ungeheuren Steppen- und Wüstengebieten des Innern; der geduldige Esel, das Kamel und das Dromedar, Rinder verschiedener Rassen bis herab zum behenden Zwergrind Ceylons; der Riese in der Tierwelt, der kluge Elefant, der in der indischen Wirtschaft seine Rolle spielt, das Hausschwein, Büffel, Ziege und Schaf. Vergessen wir nicht das mannigfaltige Geflügel des Hühnerhofs bis zum prächtigen Pfau, der in den indischen Wäldern heimisch ist. Welche Fülle bietet das Jagdwild, vom Polarfuchs bis zum Königstiger! Man muß in der Tat gestehen, daß die asiatische Fauna in weitaus höherem Maße, als dies auf den bisher betrachteten Gebieten der Fall ist, die sichere Unterlage zahlreicher Volksexistenzen werden konnte.

In gleicher Reichhaltigkeit, die oft zur Üppigkeit wird, liegt die pflanzliche Natur in hundert nützlichen und fruchtbaren Gewächsen vor dem Menschen da, der vor solchem Segen das Zugreifen früh und ausgiebig erlernt hat. Die Baum- und Obstzucht ist ein alter Ruhmestitel der orientalischen Völker; die wichtigsten Getreidearten, darunter der Reis, sind asiatisches Urgut; die Gartenkultur nahm sich frühzeitig der Pflege der mannigfaltigsten Küchengewächse an; die begehrtesten Gewürze, die dem Handel und Verkehr die kräftigste Nahrung gaben, sind hier zu Hause. Herrliche Nutz- und Bauhölzer fördern Gewerbe und Kunst. Die mineralischen Schätze des Bodens sind kaum von geringerer Bedeutung gewesen, vor allem die Metalle und Erze, die der Metallbenutzung und damit jedem höheren Kulturfortschritte hier bereits seit Urzeiten, in Mesopotamien, in Indien und China den Boden bereitet haben.

Es sind Völker sehr verschiedener Rassen, die auf dem ungeheuren Wohngebiet des Kontinents neben- und miteinander hausen. Der Osten gehört der nach vielen Millionen zählenden, vielverzweigten mongolischen Völkerfamilie, die auch nach dem Norden und dem Innern des Erdteils ihre Glieder ausgesendet hat. Der Südosten, Hinterindien und die angrenzenden Gebiete Nordindiens und Südchinas, ist von Völkern einer Rasse bewohnt, welche man nach ihrer geographischen Zwischenstellung zwischen Indien und China Indochinesen oder Malaiochinesen genannt hat, ohne damit ihre anthropologische Eigenart schärfer zu bezeichnen. Die autochthone Bevölkerung Indiens und Ceylons, die Dravidavölker des Vindhyagebietes wie des Dekhan sind eine durchaus selbständige, mit keiner anderen verwandte Rasse. Der vordere Orient wird von Völkern des mittelländischen Rassencharakters eingenommen, deren Vorfahren auf diesem Schauplatz freilich noch in Spuren anzutreffen sind, die einem völlig anderen Rassentypus angehören. Im äußersten Norden und Osten des Kontinents endlich sind polare Völker von höchst ungewisser Rassenstellung wohnhaft, die man unter dem Namen der Beringsvölker zusammengefaßt hat.

Wenn weder der Naturschauplatz noch die Merkmale der Rasse zwischen den großen Gruppen der asiatischen Be-

Fig. 34.
Wedda=Weib, Ceylon. (Nach Sarasin.)

völkerung weitgreifende Zusammenhänge schaffen, so sind es in Asien Machtfaktoren kultureller Art, die wie ungeheure Klammern völkerverbindend und dadurch ausgleichend gewirkt haben. Vor allem ist es der Buddhismus, der in Asien über eine fast unübersehbare Ausdehnung seinen tiefgreifenden Einfluß auf die verschiedensten Völker geäußert hat. Nicht nur als Religion und Kirche hat der Buddhismus in früherer Zeit auf die indischen Völker, einst und jetzt auf die Himalajastämme, die Völker Hoch-, Inner- und Ostasiens, Hinterindiens und des Archipels gewirkt, er ist überall als Kulturträger mit der größten Vielseitigkeit segenvollen Einflusses aufgetreten; in seinem Gefolge kam moralische und rechtliche Disziplinierung der Menschen, Sänftigung ihrer Sitten, kam Kunst und Technik, Schrift und Geschichtsgeist zu den Völkern. Kaum zu überschätzen ist, was die milde Lehre Buddhas für die Kultivierung der mongolischen Völkerfamilie geleistet hat.

Ein zweiter solcher ausgleichender Kulturfaktor mit ungeheurer Sphäre der Wirksamkeit ist der Islam, der aus den Wüsten Innerarabiens wie ein gewaltiger Sturm hervorbrach, um den Völkern Vorderasiens bis ins Gangesland hinein, bis nach Innerasien und dem malaiischen Archipel neue und eigenartige Formen der Lebensführung, staatliche Organisationen, einen neuen, starren Glauben und Kulturmittel ohne Zahl zu bringen. Wie tief der Islam im Bereich seiner Ausbreitung in die Gesittungszustände fremder, von ihm ergriffener Völker eindringt, zeigt Nord- und Ostafrika in unserem Jahrhundert auf dem Grunde der einheimischen, hamitischen und negerhaften Bevölkerung: sie wird mehr und mehr semitisiert und tauscht ihre eigene widerstandslose Kultur gegen die bestimmteren Formen der fremden Lebensführung.

Ein dritter geschichtlicher Faktor ist auf asiatischem Boden wirksam, die Völker in ihrer ruhigen Fortentwicklung auf den ihnen vom Schicksal zugewiesenen Naturschauplätzen zu stören: die großen und weitreichenden Völkerwanderungen und Völkerverschiebungen, die aus dem Innern des Kontinents hervorgehen und lange Perioden der Geschichte hindurch nicht zur Ruhe kommen. In frühgeschichtlichen Zeiten sind es die ausgedehnten Bewegungen der skythischen Völker, denen Vorderasien und Osteuropa die Grundschichte seiner Bevölkerung verdankt, ebenso die Eroberungen der semitischen Weltreiche Mesopotamiens, später die ungeheuren Wanderungs- und Eroberungszüge der Hunnen, Magyaren und Mongolen, zuletzt der türkische Sturm, welcher den Weltteil in seiner westlichen Hälfte nicht zur Ruhe kommen und sein ethnographisches Bild sich kaleidoskopartig verändern läßt.

In dieser Art sind die Völker Asiens mit wenigen Ausnahmen an den Randgebieten sämtlich das Produkt eines sehr verwickelten Kultur- und Geschichtsprozesses. Es sind keine einfachen Naturvölker, die vor allem dem Naturverhängnis ihres Wohnplatzes unterliegen, wie die Nord- und Südamerikanischen Jägervölker oder die Australneger, selbst wie die Inselbewohner der Südsee, sondern es sind Völker, die auf dem Grunde vielfältiger Rassenmischung durch Verkehr und Geschichtsgang zu ihren Geschicken geführt wurden, wobei die Naturbestimmtheit durch ihren Wohnplatz nur ein Wort mitzusprechen hatte.

Allerdings treffen wir auch auf asiatischem Boden reine Naturvölker mit urgeschichtlicher Kultur an. Vorgeschoben an die ungünstigen Ränder oder die unwegsamsten Gebiete des Innern unseres Erdteils, fristen sie ihr der Völkerkunde um so merkwürdigeres, armseliges Dasein. Solche Stämme sind die Bewohner der Andamanen und Nikobaren im Indischen Ozean, die Bergstämme Südindiens und Ceylons, die wilden Waldstämme Hinterindiens, wie die wilden Laos und Karen in Siam und Birma, oder die malaiischen und negroiden Urstämme der Halbinsel Malaka, desgleichen die sibirischen Jagdvölker im äußersten Osten und Norden, oder die zersprengten armseligen Überreste einer rätselhaften Urbevölkerung in Vorderasien, in Südarabien, sowie im südlichen Persien. Das tiefe Lebensniveau dieser versprengten Trümmer urzeitlicher Bevölkerungen zeigt uns die ganze Dauer und Intensität des verwickelten Kulturprozesses an, welcher erforderlich war, um die hohe Gesittung zu erzeugen, die etwa von Indiens Monumenten auf uns herniederschaut.

Die indischen Ureinwohner.

Die wichtigste Tatsache der Ethnographie Vorderindiens ist die, daß die Halbinsel ihre helle, eine indogermanische Sprache sprechende Bevölkerung, von welcher in der Hauptsache die indische Kultur erzeugt wurde, durch Einwanderung von Nordwesten her empfangen hat, während die eingeborene schwarzhäutige Urbevölkerung von den Einwanderern unterjocht und teilweise in ihre Staats- und Gesellschaftsordnung eingefügt worden ist. Von dieser arischen Bevölkerung, die sich aus dem Indusgebiet allmählich über ganz Nordindien und Mittelindien verbreitet hat, wird noch später zu sprechen sein. Der politisch unabhängig gebliebene Teil der autochthonen Bevölkerung in Indien ist aber doch wenigstens kulturell unter die Herrschaft der eingewanderten Arier gebracht worden, bis auf eine Reihe von Wald- und Bergstämmen, die sich ihre barbarischen Gesittungszustände unbeeinflußt und unveredelt bewahrt haben. Diese eingeborene schwarze Urbevölkerung Indiens, die in der Kastenordnung der eingewanderten Eroberer als die Kaste der Schudras oder als noch tiefer stehende verachtete Kasten erscheint, sind die Dravidavölker des Vindhyagebietes und des Dekhan. Sie bilden sprachlich wie anthropologisch eine eigene selbständige Rassengruppe, die körperlich den Australnegern vielleicht am nächsten steht.

Die eingebornen Bewohner Indiens zerfallen nach den von ihnen gesprochenen Sprachen in zwei ungleich große Gruppen: die Mundavölker oder die Kolarier- und die eigentlichen Dravidavölker. Jene verharren als sogenannte Dschungelstämme in den indischen Zentralprovinzen und im Gangesdelta auf sehr primitiven Lebensstufen, wie sie bereits in den epischen Dichtungen der alten Inder mit bezeichnenden Strichen geschildert sind. Diesen gehört neben einer Reihe von Wildstämmen in den Ghats, den Zentralprovinzen und Südindien der Hauptmasse nach die gesamte Bevölkerung des Dekhan mit einer Reihe blühender und durch die brahmanische Bildung gehobener Nationen an. Es sind dies die Tamulen mit fast 10 Millionen Seelen, die auch die nördliche Hälfte Ceylons einnehmen; die Telugu von Orissa und den angrenzenden Landschaften mit rund 1400000 Angehörigen, die Kanaresen im Innern des Dekhan, die Tulus und die Malabaren an der Westküste. Im Nilgirigebirge wohnt das polyandrische Hirtenvolk der Todas, dessen soziale Einrichtungen das höchste Interesse der Völkerkundigen erregen müssen. Von den Wildstämmen seien wenigstens die Namen der Gond und Khond, der Paharia und Maler in den Wald- und Berglandschaften des südindischen Tafellandes genannt, welche sich durch ihre blutigen Menschenopfer berüchtigt gemacht haben.

Die Bevölkerung der dem südindischen Festland gleichsam angehängten Insel Ceylon weist Elemente auf, die mit den Bewohnern Südindiens enge Verwandtschaft besitzen. Die Urbewohner der Insel, die Singhalesen, sind längst ein gesittigtes Kulturvolk geworden, bei welchem der sonst aus Indien vertriebene Buddhismus eine gefeierte Zufluchtsstätte gefunden hat. Ihre älteste Wildstufe tritt uns in dem auf wenige tausend Köpfe zusammengeschmolzenen Urwaldvolk der Wedda entgegen, in welchen die Völkerkunde einen der tiefststehenden Menschenstämme mit höchstem Interesse beobachtet.

Fig. 35. Mordwinenfrau von der Wolga.

Die mongoloiden Völker.

Wenn man sich Vorderasien und die vorderindische Halbinsel vom ungeheuren Massiv des asiatischen Kontinents abgetrennt denkt, so bleibt ein Gebiet von riesenhafter Erstreckung zurück, das, im großen betrachtet, von Völkern einer einzigen Art, einer kleinwüchsigen, gelbhäutigen Rasse, bewohnt wird. Es ist dies der Völkerkreis, welcher von der

Völkerkunde als die Mongoloiden oder die mongolenähnlichen Völker zusammengefaßt wird. Nicht Einheit der Sprache, noch weniger Einheit der Kultur oder geschichtliche Zusammenhänge sind es, welche dieser Zusammenfassung zugrunde liegen. Es ist vielmehr die anthropologische Seite, die Körperlichkeit, welche über alle geographischen und kulturellen Schranken hinweg ein festes Band der Zusammengehörigkeit um alle Völker Inner-, Ost- und Nordasiens schlingt. Allen Völkern dieser ungeheuer ausgedehnten Gruppe ist der niedrige Wuchs, die Kurzköpfigkeit, die schiefe Schlitzung der Augenspalten, das Vortreten der Jochbögen, die gelbliche Hautfarbe und das schlichte, dunkle, meist schwarze Haar eigentümlich. Es fällt im konkreten Falle auch dem nicht sehr geübten Auge nicht schwer, einen Angehörigen dieser Rasse als solchen zu erkennen. Darüber hinaus versagt freilich sofort die Gemeinsamkeit der Merkmale.

Fig. 36. Burjätenfrau.

Die Sprache scheidet, wenn man nur auf die allgemeinsten Züge achtet, die Menge dieser Völker in zwei große Gruppen: in Völker mit einsilbigen Sprachen, wozu die Chinesen, die Tibetaner und die Hinterindier gerechnet werden, und in Völker mit zweisilbigen Wurzelsprachen, unter welche die Gruppe der Altaier, die Japaner und Koreaner fallen. Wenn man auf die Entwicklung und die Zusammenhänge des Volkstums in diesem ungeheuren Gebiet achtet, tritt uns noch eine weit größere Fülle und Zersplitterung entgegen, die nur auf dem Boden Chinas und Japans und teilweise in Hinterindien durch tausendjährige Kultur und Staatenbildung ausgedehnter Einheitlichkeit weicht. Und ebenso mannigfaltig erscheinen, entsprechend der Vielgestaltigkeit des geographischen Schauplatzes, die Kulturformen all der Völker, von primitivster Armseligkeit eines rohen Dschungellebens bis zur Höhe chinesischen oder japanischen staatlichen Lebens aufsteigend.

Faßt man alle diese Hauptmomente zusammen, so gelangen wir ohne Schwierigkeit dazu, die mongoloide Völkerfamilie in drei große Hauptgruppen zu zerlegen: die Südostasiaten, welche auf der hinterindischen Halbinsel auch sprachlich wie kulturell eine selbständige Stellung einnehmen; die Kulturvölker Ostasiens, die untereinander kulturelle und geschichtliche Beziehungen tiefgreifender Art besitzen, und die Altaischen Völker in Inner- und Nordasien, welche sowohl durch die Sprach- wie die Kulturform ebensosehr untereinander verwandt erscheinen, als sie sich darin von den übrigen Hauptgruppen unterscheiden.

Die Südostasiaten.

An die eingeborne Dravidabevölkerung von Vorderindien schließen sich die Bewohner der hinterindischen Halbinsel. Es sind die Malaiochinesen, die man unpassend auch Indochinesen genannt hat. Ihnen zugerechnet werden aus anthropologischen Gründen die Bevölkerung des Gebirgslandes Tibet und die Himalaja-Völker. Es fällt nicht allzuschwer, die hier zu nennenden Völker wenigstens äußerlich zu gruppieren. Die am meisten westlich und nördlich wohnende Gruppe sind die Tibetaner oder Botya-Völker, die das eigentliche Schnee- und Gebirgsland Tibet, dann Ladakh und Klein-Tibet bewohnen und nominell unter chinesischer Herrschaft stehen, nebst einer Anzahl von Himalajavölkern, worunter die Leptscha in Sikkim zu nennen sind, und den Sifan

Fig. 37. Lama (Priester) in vollem Ornat, Tibet.

im südwestlichen China. Diese in rauhen Gebirgslandschaften lebenden halbnomadischen viehzüchtenden Völker empfangen vor allem durch den Lamaismus, das ist die nördliche Entwicklung des Buddhismus, mit seiner ausgebildeten Priesterherrschaft, seinen zahllosen Kirchen und Klöstern und der Wendung auf mechanisch-äußerliche Religiosität ihr entscheidendes Gepräge. In Tibet selbst ist es zu einer vollständigen Theokratie gekommen, deren Mittelpunkt die geheimnisvolle Residenzstadt des buddhistischen Papstes, des Dalai-Lama, Lhassa ist.

Eine zweite Gruppe bilden die birmanischen Stämme, die in dem ehemals unabhängigen, jetzt von den Engländern okkupierten Königreich Birma ihren kulturellen und staatlichen Mittelpunkt hatten, sich aber auch über einige andere Landstriche, insbesondere das Reich Pegu, verbreiteten. Zu ihnen gehören die Bergstämme in Arakan, am Irawadi und Brahmaputra, die man unter dem Namen der Lohita-Völker zusammengefaßt hat.

Eine dritte Gruppe besteht aus den Thai oder Siamesen am Menam, zu welcher die Laosbevölkerung im Norden als unkultivierte Nachbarn gerechnet werden. (Schan-Völker.)

Die östliche Hälfte der Halbinsel wird von den Tongkinesen, Anamiten und der Bevölkerung von Kotschinchina eingenommen, in welcher die Abkömmlinge der alten Khmer gesehen werden.

Überall in Hinterindien sitzen die Bevölkerungen, die zu höherer Kultur und staatlichen Lebensformen emporgestiegen sind, an den fruchtbaren und volkreichen tiefgelegenen Anschwemmungsgebieten der aus dem bergigen Innern herabkommenden Ströme. Im gebirgigen Waldgebiet des Innern ist die Heimat der stammverwandten Wildstämme. Seit jeher zeigt sich Hinterindien unter dem wechselnden Einfluß Indiens und Chinas. Geschichte, Wirtschaftsentwicklung und geistige Kultur sämtlicher hinterindischer Länder haben von beiden Seiten abwechselnd die wichtigsten Beiträge empfangen. Im allgemeinen aber sind die westlichen Völker mehr dem indischen, die östlichen mehr dem chinesischen Einfluß unterlegen. Ist Siams Kultur in vieler Beziehung eine indische

Pfropfblüte, so sind Tongking und Anam vielfach nur blasse Abklatsche Chinas. Wie viel Anteil auch das malaiische Element an Rasseneigentümlichkeiten und Wirtschaftsentwicklung der Hinterindier genommen habe, läßt sich kaum mehr vermuten. Hinterindiens zahlreiche Ruinenstätten, darunter die weltberühmten buddhistischen Kulturstätten von Angkor Vath in Kambodscha, lassen uns übrigens erkennen, wie hier die Gegenwart vielfach einen starken Verfall gegen die Vergangenheit bedeute, und daß auf diesem Boden der Geschichtsgang ein sehr wechselvoller gewesen sei. Die hinterindische Baukunst und Bildnerei waren einst unter indischem Einfluß auf einer ganz anderen Höhe als heute. So ist es auch mit der Dichtung, so auf dem Gebiet der Kunstindustrien, überhaupt mit der produktiven Arbeit der Hinterindier beschaffen.

Das Leben aller hinterindischen Völker ist auf den Ackerbau gegründet. Der Reisbau herrscht vor, Baumzucht ist ein wichtiger Wirtschaftsfaktor. Die Gewinnung von wertvollen Nutzhölzern spielt eine wichtige Rolle. Neben dem Büffel tritt der zahme Elefant als brauchbarstes Haustier auf. Die Volksnahrung ist hauptsächlich auf Reis, Fische und tropische Früchte gestellt. Sie wird nirgends so reichlich, als sie beispielsweise in China ist. Der Handel befindet sich zum großen Teil in chinesischen Händen, ebenso hat das Geldwesen chinesischen Anstrich. Die gesellschaftliche Gliederung läßt indische und chinesische Einrichtungen erkennen; so die indische Kaste und das chinesische Beamtentum. Die Gesetze sind den chinesischen nachgebildet, auf der Grundlage des alten, vielfach an malaiische Verhältnisse erinnernden Geschlechterrechtes. Die Staatsverfassung zeigt indische und chinesische Formen, Despotien im Westen, Bureaukratien im Osten, und über allem lagert jene religiös-moralische Atmosphäre, wie sie von Indiens buddhistischer Zeit in alle Gebiete des Buddhismus, jede freiere Geistesbildung umnebelnd, eingedrungen ist.

Die ostasiatischen Völker.

Zeugnisse der Anwesenheit der Menschen auf ostasiatischem Boden besitzen wir bereits aus den ältesten Zeiten. Die Steinzeit älterer und jüngerer Stufe ist durch eine Reihe von Funden für Hinterindien, wie für China oder Japan sichergestellt worden. In die ältesten Besiedlungszeiten des ungeheuren Reiches wirft die mythische Geschichte Chinas ein schwachdämmerndes Licht. Allmähliche unaufhaltsame Ausbreitung mit den Mitteln des friedlichen Ackerbaus, Völkerwanderungen nach dem Osten, über Korea nach Japan, das sind die Grundzüge der Bevölkerungsgeschichte Ostasiens.

Wenn die rassenhafte Grundlage und die Kulturform alle Völker und Reiche Ostasiens zu einer engeren Gemeinschaft verbindet, so scheidet sie doch wieder die Sprache. China mit seiner einsilbigen Wurzelsprache steht in einem scharfen und bedeutungsvollen Gegensatz zu Korea und Japan, dessen Völker zweisilbige Sprachen sprechen.

Von überragender Bedeutung, vor allem schon durch die riesenhafte Volkszahl, durch das ehrwürdige Alter seiner Geschichte und Kultur, durch die Ursprünglichkeit und Selbständigkeit seiner Entwicklung ist das chinesische Volk. Es hat sich im chinesischen Reich einen geschichtlichen Ausdruck von unvergleichlicher Großartigkeit gegeben. Es ist nun aber nicht ganz zulässig, die 400 Millionen Chinesen ethnisch als eine ganz einförmige Masse aufzufassen, wenngleich andere als mongolische Elemente schwerlich am Aufbau des chinesischen Volkstums beteiligt gewesen sind. Es läßt sich indessen schwer erweisen, ob die provinziellen Unterschiede, die sich über die ungeheure Bevölkerung hin deutlich genug zu erkennen geben, Sonderentwicklungen späterer Zeit darstellen, oder ob sie ursprüngliche Verschiedenheiten der Volksabstammung decken. Die Chinesen selbst scheiden die Bewohner der verschiedenen Provinzen, wie sie durch den Dialekt getrennt werden, auch ethnisch sehr genau voneinander und geben den einzelnen Gruppen bestimmte Namen und eine besondere Geschichte.

Wenn unter uns von China die Rede ist, denken wir unwillkürlich stets an die den Europäern geöffneten Hafenplätze an den Ufern des himmlischen Reiches; aber in Wirklichkeit ist China ein eminenter Binnenstaat, der, wie Ägypten das Geschenk eines Stroms darstellt, gleichsam von zwei Strömen Leben und Form erhält. Der Riesenstrom des Jantsekiang mit seinem Zwillingsbruder, dem Hoangho, ist es, welcher den geographischen Schauplatz der chinesischen Volksentwicklung formt.

Dieser ist aber nur sozusagen das Herz des Reiches, höchstens sein Rumpf; sein Haupt hat es in den Küstenreichen, wo der Sitz der Zentralregierung ist, seine Extremitäten erstreckt es tief nach dem Norden und nach dem Westen ins Innerste der Erdfeste Asien hinein. Chinesen sitzen in der Mandschurei wie in der Mongolei, Chinesen reichen hinüber nach Tibet und rücken herrschend nach Ostturkestan vor bis hinüber in die Himalajagebiete. China besteht also infolge seiner riesenhaften Ausdehnung seit jeher eigentlich aus einer großen Zahl fast unabhängiger Provinzen mit besonderer Bevölkerung, über welche sich indessen das Chinesentum als einigende kulturelle Macht lagert. Die chinesische Geschichte ist ein wahres Wirrsal innerer Kriege und steter Abwehr der Einbrüche mongolischer Völkerschaften aus dem Innern des Erdteils. Mit dauerhaftem politischen Erfolg hat bekanntlich das tungusisch-mongolische Erobervolk der Mandschu sich noch zuletzt um 1644 in China festgesetzt und dem Reiche seine Dynastie und seine politische Vorherrschaft auferlegt.

Die Japaner.

Das zweite Kulturvolk Ostasiens, das trotz seiner Zivilisation in der Gegenwart vom Völkerkundigen doch hinter China gestellt werden muß, sind die Japaner mit ihrem reichgegliederten, gebirgigen, von einem glücklichen Klima gesegneten Inselreich. Die heutigen Japaner sind ein Mischvolk, in vorhistorischer Zeit hervorgegangen aus fremden Einwanderern mongolischer Rasse und einer schon vorhandenen eingeborenen Bevölkerung, als deren zurückgedrängte Überreste man mit Wahrscheinlichkeit das schmutzige Jäger- und Fischervolk der Aïnu auf der Insel Yesso und auf Sachalin ansieht. Jene vorhistorischen Einwanderungen sind wahrscheinlich vom chinesischen Festland aus über Korea, von Süden nach Norden gegangen. Neuerdings schreibt man neben der mongolischen auch der malaiischen Rasse einen Anteil an der Bildung des japanischen Volkes zu.

Die Sprache scheidet, wie bemerkt, die Japaner scharf von der Gruppe der Chinesen und Malaiochinesen, zu welcher sie ihrer Körperlichkeit nach sonst ungezwungen zu stellen wären. Sie ist mehrsilbig und agglutinierend. Die jetzige Schrift- und Umgangssprache freilich ist ein Gemenge von zwei sehr verschiedenen Idiomen, des Altjapanischen und Chinesischen.

Im Vergleich zu den Europäern ist das japanische Volk klein gewachsen: der Mann wird durchschnittlich 150 Zentimeter hoch, die Frau ist noch bedeutend kleiner. In der Bevölkerung sind mehrere Typen deutlich erkennbar. Die Volkszahl Japans beträgt gegenwärtig über 36 Millionen. Die körperliche Konstitution der Japaner ist im allgemeinen eine schwache. In geistiger Hinsicht ist das japanische Volk vielseitig, aber nirgends tiefbegabt. Mit Recht hat man sie in dieser Beziehung die „Franzosen des Ostens“ genannt. Allgemeinen Ideen leicht zugänglich, verraten sie in Literatur und Kunst mehr Geschmack als Tiefsinn. In ihrer ganzen Kulturgeschichte zeigen sie sich mehr als die Verarbeiter fremder Ideen denn als die Erzeuger von eigenen. Sie sind sonach in vielen Dingen das gerade Widerspiel der zäh am hergebrachten Eigenen festhaltenden Chinesen, deren Kultur ihnen auf allen Gebieten zur Grundlage gedient hat.

Die Koreaner.

So gut unterrichtet wir über die Japaner sind, so spärlich ist uns bis in die letzte Zeit die Kunde von Land und Leuten in Korea geflossen. Es galt mit Recht als ein verschlossenes Land, das sich ängstlich vom Verkehr abschloß. Korea, dieses im uralten Chinesentum mit zähem Konservatismus steckengebliebene Land mit seinen feudal-aristokratischen Einrichtungen, bietet dem Beobachter einen sehr trübseligen und einförmigen Anblick dar. Vom Bettler bis zum Minister eine einzige eintönige Tracht, die gleiche weiße Kleidung; die Frauen mit der Seltsamkeit eines völlig entblößten Busens bei sonstiger ängstlicher Verhüllung des ganzen Körpers; Dorf und Stadt von gleichem Schmutze starrend, die Lehmhütten strohgedeckt, ein armseliger Anblick. Der Boden des Landes ist im allgemeinen höchst ergiebig; unter seinen mannigfachen Erzeugnissen, Mais, Weizen, Hirse, Hanf, Bohnen, entdeckt man mit heiterer Befriedigung auf ziemlich ausgedehnten Bodenstrecken den über den ganzen Erdkreis berühmten Paprika. Altchina schlägt überall durch, in der Wirtschaft wie im Staatswesen. Altchinesischer Zopf mit flüchtiger europäischer Tünche ist das Grundwesen der koreanischen Verwaltung. Eine kastenmäßig abgestufte Gesellschafts-Pyramide gipfelt in einem despotischen Regime von patriarchalischem Zuschnitt, dessen innere Schwäche auch durch die brutale Polizeivergewaltigung des Volkes nicht zu verbergen ist. Zu den größten kulturgeschichtlichen Verdiensten des koreanischen Volkes wird es aber immer zählen, daß es in frühen Jahrhunderten den Strom der chinesischen Zivilisation stark und voll nach Japan hinüberleitete.

Mongolen- und Turkvölker.

Als die dritte größere Völkergruppe von mongolischer Rasse sitzen vom Ochotskischen Meerbusen bis nach Lappland Bevölkerungen von nomadischer Lebensweise, die ihre Existenz auf Jagd, Fischfang und Viehzucht gründen und aus ihrer urgeschichtlichen Existenz heraus öfter mit Eroberungszügen der rasch geeinten Massen in die Geschichte eingebrochen sind. Es sind die in Sprachbau wie in Körperbeschaffenheit sehr einheitlichen Altaier Castrens. In dieser ungeheuren Kette von Völkern, die, soweit die Geschichte reicht, beständig ihre Wohnsitze verändert haben, geht der mongolische Typus vom äußersten Osten bis ins russische Reich mit allmählich abnehmender Deutlichkeit hindurch. Etwas Ähnliches ist es mit den Sprachen und den Kulturformen dieser Völkerreihe: ein einheitlicher Typus zeigt sich überall, freilich nicht ohne daß die gemeinsame Abkunft zwischen manchen Gliedern schwankend würde. Nach ihren Sprachen werden diese Völker in fünf große Gruppen geschieden: in Tungusen, in wahre Mongolen, in Türken, in Finnen und in Samojeden. Die nördliche Hälfte des Erdteils und sein Inneres sind ihre Wohnplätze, die sie in sehr ungleicher Zahl und Dichtigkeit, auch in ungleicher kulturhistorischer Bedeutung mit wechselnden Geschicken behaupten.

Die Tungusen, zu welchen die erobernden Mandschu gehören, die seit 1644 China dynastisch beherrschen, nahmen als Renntierhirten ohne jede kulturhistorische Mission einen großen Teil Ostsibiriens ein und behaupten noch immer in einzelnen weiter vorgedrungenen Stämmen die östlichsten Positionen des Erdteils.

Der zweite Ast dieser Nordasiaten, die **Mongolen**, in deren Typus man die reinste Ausprägung der ganzen Rasse gefunden hat, bewohnen die Wüste Gobi, die Umgebung des Baikalsee und wandern als Hirten bis nach Herat und Kabul herab. Eines der wildesten und schmutzigsten Völker, welche die Völkerkunde kennt, sind sie durch den Buddhismus, den sie willig angenommen haben, ohne ihr schamanistisches Wesen aufzugeben, wunderbar gesänftigt und gesittigt worden. Wiederholt sind ihre losen Scharen von Eroberern und Herrschern zu erschütternden Völkerstürmen zusammengerafft worden. Die Erscheinung eines Dschingis-Khan unter ihnen, der als Welteroberer auftreten konnte, ist denkwürdig genug. Wir nennen nur drei ihrer Zweige: die Ostmongolen, die Kalmücken und die Burjäten.

Fig. 38. Turkmene aus Astrachan.

Mächtiger an Volkszahl und geschichtlicher Bedeutung treten uns die **Turk-Völker** in Zentralasien entgegen. Im Osten in Sprache und Typus den Mongolen sich nähernd, zeigen sich die westlichen Türken wieder mit der mittelländischen Rasse aufs innigste vermischt, während Ösbegen,

Oiguren und Jakuten in der Mitte, in Zentralasien, reiner geblieben sind. Auf dem Grunde eines nomadischen Hirtentums sind unter allen Turkvölkern kleinere und größere Reiche mit prunkvollen Hofhaltungen und mit Pflege von Schrift und Literatur gegründet worden. Es sei nur an Ösbeg einen Beherrscher der goldenen Horde, an Tamerlan, an die Seldschuken-Fürsten der turkmenischen Wüste, an die Khanate in Chiwa, Bochara und Samarkand erinnert. Und um das Bekannteste zu erwähnen, wir wissen alle, wie die Osmanen, die noch im 11. Jahrh. die heutige turkmenische Wüste bewohnten, im Ausgange des Mittelalters in unaufhaltsamem Siegeszug vordringen und die ganze abendländische Kulturentwicklung auf dem Boden Europas eine Zeitlang in Frage stellen konnten. Versprengte türkische Stämme sitzen im Kaukasus, an der Wolga, am Balchaschsee.

Geringer an kulturgeschichtlicher Bedeutung, aber kaum weniger gliederreich als die Turk-Völker erscheint die finnische Gruppe, welche sich wieder in vier Zweige, in den ugrischen, bulgarischen, permischen und im engeren Sinne finnischen gliedert. Es sind die Ural-Altaier, so genannt nach ihren Wohnsitzen im und am Ural und im Altai, also die Bewohner Westsibiriens und des östlichen Rußlands. Von den Ugriern sind nur die Magyaren (mit denen Ostjaken und Wogulen engste Verwandtschaft zeigen) durch ihre europäischen Eroberungen und Wohnsitze merkwürdig; bezüglich des bulgarischen Zweiges müssen wir erinnern, daß die europäischen Bulgaren an der Donau nicht mehr dazu zu rechnen sind. Sie sind vielmehr nach Geblüt und Sprache Slawen; wohl aber kennen wir Wolgabulgaren, und die Völkerinseln der Tscheremissen, Mordinen, Tschuwaschen im südlichen Rußland sind ebenfalls dazu zu rechnen.

Der permische und der eigentlich finnische Zweig, welcher im äußersten Osten und Norden Europas sitzt, wird für uns am meisten durch die Finnen und Lappen vertreten, die als Viehzüchter, Jäger und Fischer, gehoben durch die Nachbarschaft von Slawen und Germanen, ein wohl noch halbnomadisches, aber höherer Kultur nicht entbehrendes Leben führen. Ihre epischen Dichtungen, die im Kalevala vorliegen, werfen einen gewissen Glanz auf ihre Gesittung.

Die Samojeden endlich, als der fünfte Ast der altaischen Völkergruppe, haben ihre Wohnsitze weit über die Stromgebiete des Jenissei und Ob verstreut. Sie sind ein rohes Jägervolk, das sich in mancherlei Wanderungen über die nördlichen Tundren des Festlandes verbreitet hat und in seinem Namen nach russischer Deutung (Selbst-Esser) auf der barbarischen Stufe des Kannibalismus stehend erscheint.

Die Polarvölker.

Im äußersten Norden der bewohnten Welt sitzen und schweifen, mit sehr geringen Volkszahlen, eine Reihe von Stämmen und Völkern, die am unfruchtbaren Rand der bewohnten Welt den härtesten Kampf um die Notdurft des Lebens kämpfen. Es ist nicht möglich, diese Völker einer einzigen Rasse zuzurechnen, obwohl sie alle mongolenähnliche Züge im Körperbau aufzuweisen haben; noch weniger besteht irgendwie durchgängige Verwandtschaft der Sprachen untereinander. Sie sitzen alle entweder als seetüchtige Fischer und Jäger am Ufer des Eismeers, der Bering-See und der Ochotskischen See, oder sie sind durch Wanderungen nordwärts bis nach Grönland gelangt, wie die Eskimo. Ihr Dasein ist ohne Hund und Renntier undenkbar; das Meer ist ihre wichtigste Nahrungsquelle, der Tummelplatz ihrer Kräfte und Geschicklichkeiten. Das Gesetz des Klimas legt ihnen halbnomadische Lebensweise, lose Stammesfügung und Sänftigung der gewalttätigen Zustände auf. Wir zählen zu ihnen zunächst die Ostjaken am Jenissei, die mit den Ob-Ostjaken nicht zu verwechseln sind, die Jukagiren am sibirischen Eismeer und die schon genannten Aïnu; sodann die Kamtschadalen, Korjäken und Tschuktschen, die durch den Besitz von Hunden oder Renntieren auf eine höhere und gesichertere Stufe der Lebenshaltung gehoben scheinen.

Durch die Namollos an der Beringstraße und längs dem Eismeer ist der Übergang zu den Eskimo gemacht, welche die äußersten Nordgebiete der Alten Welt einnehmen, zur Zeit der Normannenbesuche in Amerika, also um 1000 n. Chr., allerdings weit südlicher an den atlantischen Gestaden verbreitet waren und nach Grönland, ihrem eigentlichsten Wohngebiet in der Gegenwart, erst im 14. Jahrhundert eingewandert sind. Man kann die Eskimo auf keiner niedrigen Stufe der Gesittung stehend ansehen, wenn man ihre technischen und nautischen Fertigkeiten, ihre friedliche Geselligkeit, ihre Kunstleistungen in Betracht zieht. Die Kulturmittel, welche ihnen die karge hochnordische Natur gewährt, haben sie in bewundernswerter Art zur Sicherung und zur Ausgestaltung ihres Lebens verwendet, und es ist ihnen gelungen, den hohen Norden der Erde zu bevölkern ohne Kenntnis der Metalle, als ein Steinzeitvolk, das selbst im angeschwemmten Treibholz des Eismeeres einen Schatz erblicken mußte.

Die Völker Vorderasiens.

Noch beherbergt der asiatische Kontinent eine Anzahl von Völkern und Nationen, die gerade zu den wichtigsten Kulturträgern der Menschheit gehören. Es sind die semitischen und arischen Völker Vorderasiens, welche im orientalischen Altertum und in der Kulturgeschichte der Alten Welt überhaupt eine führende Rolle innegehabt haben und sie erst vor nicht allzu langer Zeit abzugeben gezwungen waren. Diese Völker stehen in verwandtschaftlicher, linguistischer und kulturgeschichtlicher Verbindung mit einer Reihe von Völkern der benachbarten Kontinente, Afrika und Europa. In Afrika sind es die Hamiten, in Europa die Indogermanen, welche in untrennbarem Zusammenhang mit jener bisher noch nicht betrachteten, uralten Kulturbevölkerung Vorderasiens stehen. Man hat demgemäß alle diese Völker, welche ihrer Körperlichkeit nach enger untereinander zusammenhängen, als mit irgend einer anderen der bereits vorgeführten Rassen, zu einer einzigen großen Rasse zusammengeschlossen, die man als die weiße, kaukasische (Blumenbach) oder (mit einem glücklicher gewählten Namen) als die mittelländische bezeichnet hat. In der Tat sind es durchweg um das große mittelländische Seebecken gelagerte Völker, welche hier in einer beiläufigen Einheit der körperlichen Merkmale zusammengefaßt erscheinen. Die Geschichte dieser Rasse ist zugleich die Weltgeschichte im gewöhnlichen Sinne des Wortes.

Auf asiatischem Boden sind es die semitischen Völker des vorderen Orients und die arischen Völker Irans und Indiens, die uns hier zu beschäftigen haben. Rein historisch genommen gebührt der semitischen Völkerfamilie der Vorrang vor den Ariern, welche freilich kulturell zu viel größeren Höhen und Tiefen der Menschheit vorgedrungen sind als jene. Der ersteren gehören Völker an, deren Entwicklung im ehrwürdigsten Altertum liegt und die sich mit ihren Kulturergebnissen dauernd in die Geschichte der Zivilisation eingeschrieben haben. Solche Völker semitischer Zunge sind die Syrer und Chaldäer, die Assyrer und Babylonier, welche als die Erben der alten turanischen Kultur der Akkad und Sumir auftreten, den überkommenen Besitz aber selbsttätig vermehrt und erhöht haben, in ungeheuren despotischen Zentren, um bildgeschmückte Paläste sich sammelnd, in emsiger Kulturarbeit mit Meßgerät und Pflug tätig, scharfsinnige Geistesarbeiter, welche mit kosmogonischen Spekulationen das religiöse Denken reich befruchtet haben. Sodann die Phönizier, die Engländer des Altertums, mit ihrer meerbeherrschenden, kolonisatorischen und handelstreibenden Tüchtigkeit, denen die Alte Welt bekanntlich die Ausbildung der Buchstabenschrift verdankt. Endlich die Hebräer, deren religiöse Entwicklung zum Monotheismus der Entstehung des Christentums den Boden bereiten half.

Von diesem nordsemitischen Zweig verschieden ist der südsemitische Völkerast, als dessen wichtigstes Glied die Araber in der Weltgeschichte auftreten, weit später als die nördlichen Semiten, aber mit weiter und stürmischer ausgreifender Macht. Bis zur Entstehung des Islam durch Mohammeds Schöpfung (635 n. Chr.) ein nomadischer Wüstenstamm ohne Geschichte, indessen im Süden der arabischen Halbinsel tausendjährige Reiche ihre Blüte hatten und wieder in Schutt sanken, treten die Araber bald als siegreiche Eroberer im vorderen Orient auf, deren fanatischem Ansturm der Reihe nach Syrien, das morsche Sassanidenreich in Persien und Ägypten erliegen, worauf der Arabismus und der Islam nach Osten und Westen ausgreifen, hier Indien, dort den Nordrand Afrikas, ja selbst Spanien orientalisieren und überallhin feinere Bildung, erhöhte Lebensführung, Künste und Wissenschaften verbreiten. Von dieser Höhe längst herabgesunken, ist das arabische Volk durch den Islam noch immer in drei Erdteilen der Träger einer höheren, in sich geschlossenen Kultur, welcher in Gebieten der Halbkultur, wie in Zentralasien oder in Ostafrika, noch heute zivilisatorische Erfolge beschieden sind.

Neben den Semiten haben unter den Angehörigen der mittelländischen Rasse in Vorderasien die ostarischen Völker Indiens und Irans Geschichtsleben im höchsten Stile entfaltet. Sie leben in reicher Verästelung, mit zahlreichen anderen Rassen- und Volkselementen stark gekreuzt und vermischt, noch immer auf ihren alten Kulturschauplätzen, ohne die Größe der Vergangenheit, aber auch nicht ohne Zukunft. Was die Arier Indiens betrifft, so bewohnen sie, seit ihrer Einwanderung aus dem Nordwesten in vedischer Zeit (2. Jahrtausend v. Chr.), über deren kulturelle und ethnographische Verhältnisse die Veden berichten, in den mannigfachsten Mischungen und den buntesten historischen Schicksalen das heutige Nordindien, Kaschmir und teilweise die südlichen Abhänge des Himalaja nebst Assam. Nach den zahlreichen Tochtersprachen des Sanskrit, die von ihnen gesprochen werden, kann man die Gebiete des Pendschabi, Hindi, Sindhi, Gudscharati, Marathi, Bengali, Nepali u. a. unterscheiden, in denen wohl auch mehr oder minder deutlich geschiedene ethnographische Provinzen erblickt werden können. Die alte Kastenordnung, ohne eigentliche gesetzliche Geltung, hat sich zu einer Buntheit von Hunderten von Kasten entwickelt, in welcher neben dem ethnographischen vor allem das religiöse und professionelle Moment eine Rolle spielt. Was die einzelnen Volksmassen arischer Abkunft in Indien betrifft, welche ethnologisch deutlicher hervortreten, so hätten wir neben den eigentlichen Hindu, der ackerbautreibenden Hauptbevölkerung des Landes, zu nennen: die Dschat im Pendschab und nördlichen Sindh; die kriegerischen Sikh; die Radschputen, eine Kriegerkaste im westlichen Hindustan, im oberen Gangestal und Malwa; die Kurmi, im nordwestlichen und zentralen Indien, die Hirtenstämme der Gadschar, Ahir und Gevala. Den Kaufmannsstand repräsentieren die Banianen. Als Gebirgsstämme sind hervorzuheben die Darden, die Siahposch (Kafir), und die Ghorka in Nepal, das Herrschervolk des Landes. Seit dem 16. Jahrhundert hat der Islam starke Einflüsse politischer und religiöser Art auf Indien ausgeübt.

Nicht minder buntgemengt und durch starke Gegensätze des Einst und Jetzt charakterisiert zeigt sich das ethnographische Bild Irans. Wenn das Altertum mit seinen Medern, Persern, Baktriern, Parthen, Sarmaten und dem Gattungsnamen der Skythen bereits eine Fülle iranischer Völker bezeichnete, so ist auch in der Gegenwart als das Resultat eines ungeheuren Mischungsprozesses eine reiche Verzweigung der iranischen Völkerfamilie festzustellen. Die Perser (Farsi) zunächst, die bekanntlich die hervorragendste, zu weltgeschichtlicher Bedeutung emporgehobene Nation in dieser Familie darstellen, sind die Nachkommen der alten Perser, mit starkem semitischen (besonders arabischen) und türkischem Bluteinschlage. Die Landbevölkerung heißt Tadschik, und dieser Name reicht weit nach Ostiran und nach Turkestan hinein. Mit dem Namen Sarten bezeichnet man die Bauernschaft Turkestans mit türkischer Sprache. — Die Parsis sind als Anhänger der altiranischen Avestalehre (Zarathustralehre) außerhalb Persiens verbreitet, die meisten finden sich an der Westküste Indiens angesiedelt. Zu den Iranern zählen ferner die Afghanen (Paschtun), ein kraftvolles, kriegerisches Grenzvolk, mit mehreren Hauptgruppen, Durani, Ghilzai, Nasir, die Belutschen, Kurden mit Wohnsitzen im armenischen und westpersischen Gebirge, die Yesiden (im nördlichen Mesopotamien) usw.

Eine selbständige Stellung nehmen geschichtlich und sprachlich die Osseten im Kaukasus, sowie insbesondere die Armenier im Armenischen Gebirge, vor allem aber als Kolonisten über den ganzen vorderen Orient und Südosteuropa verbreitet, ein.

8. Die afrikanischen Völker.

Geographisch zur Alten Welt gehörig, ist der schwarze Erdteil ethnographisch ein Kontinent für sich. Er wird, die eingewanderte hamitische Bevölkerung des Nordens abgerechnet, vom Norden bis zum Süden von einer eigenartigen

Bevölkerung bewohnt, die untereinander rassenhaft geschieden werden mag, die aber gegen jede andere Bevölkerungsgruppe der Erde, auch gegen die schwarzen Australneger oder die dunkelhäutigen Papuas als besondere Menschheitsfamilie unverkennbar absticht. Entsprechend der großartig einförmigen physischen Beschaffenheit des afrikanischen Kontinents mit seinen über ungeheure Gebiete sich gleichmäßig erstreckenden Pflanzen- und Tierformen, ist es ein einziger großer Stock der Menschheit, der hier wohnt. Er zeigt sich natürlich sowohl in den Körpermerkmalen, wie durch die Sprachen und die Kultur mannigfach gegliedert. Als Hauptgruppen treten uns die Buschmänner und Hottentotten, die Neger und die Bantu entgegen, wobei die Grenzen zwischen diesen letzteren lediglich sprachliche sind. Es möchte also mit Recht scheinen, daß wir mit dem alten eingebürgerten Begriff des Negers als des echten eingeborenen Bewohners von Afrika noch immer auszukommen vermögen, wie sehr auch die fortschreitende Völkerkunde bemüht war, diesen Begriff immer mehr zu zersetzen und einzuschränken.

Der schwarze Erdteil mit seiner Negerkultur im weiten Sinne des Wortes ist neben Australien der einförmigste Kontinent der Erde, dessen rohe und im Verhältnis zu der Flächenausdehnung so ungünstige Küstengliederung in gewissem Sinn allein die niedrige Stufe seiner Bewohner erklärt. Zu dieser Verkehrsarmut nach der maritimen Seite kommt die Unwegsamkeit seiner Binnengebiete, die ein weiterer Grundzug des afrikanischen Kontinentes ist. Der doppelte Wüstengürtel, der Afrika im Norden und im Süden durchzieht, schneidet den Weltteil in mehrere verhängnisvoll voneinander gesonderte Schauplätze der menschlichen Entwicklung auseinander.

Die natürlichen Gaben, welche der afrikanische Kontinent seinen Bewohnern anzubieten hatte, waren nicht geringe und übertrafen jedenfalls die Naturausstattung Amerikas um ein Erhebliches. Alteinheimische Getreidearten, wie die Durra (Sorghum vulgare), Batate und Yams, die mehlreichen Brotwurzeln, an Fruchtbäumen die Dum- und Ölpalme sind ursprünglich afrikanischer Besitz, der inzwischen durch Araber und Europäer seit Jahrhunderten die erheblichste Vermehrung durch die Naturschätze der gemäßigten und tropischen Zonen Asiens und Amerikas erfahren hat. Aus dem Tierreich boten sich dem Afrikaner, der die Viehzucht so vielfach zur Grundlage seines Daseins gemacht hat, Rinder, Schafe und Ziegen, an jagdbarem Wild die allergrößte Zahl kleiner und größerer Tiergestalten bis zum Löwen und Elefanten hinauf an. Noch heute sind die Steppen Ostafrikas und die zahlreichen parkartigen Landschaften im Seengebiet ein Paradies der Jäger. Ergiebige Salzlager in verschiedenen Landschaften deckten das unverlierbare Bedürfnis nach diesem begehrten Gewürz und belebten Handel und Verkehr; das nirgends versagende Vorkommen von Erzlagern und Gruben ermöglichte die lückenlose Verbreitung des Eisenzeitalters über den ganzen afrikanischen Kontinent, mit welchem uns der Neger technologisch auf einer weit höheren Stufe entgegentritt, als selbst die Kulturvölker Amerikas.

Trotzdem ist die Negerkultur bar jener höheren, zur Geschichtlichkeit emporführenden Leistungen, wie wir sie in Mittelamerika oder in Mexiko angetroffen haben. Sie sind niemals aus sich heraus zur Bildung einer Schrift gelangt. Ihre Staatengründungen sind immer nur von flüchtiger und loser Art gewesen, ihre Kunst ist niemals zu solch monumentalen Formen gediehen, wie sie die Kunst von Kulturträgern charakterisiert. Auf religiösem Boden sind sie immer voll der rohesten Vorstellungen und Kultformen geblieben, eine Beute ihrer dummen Einbildungen und bleicher Gespensterfurcht. Anderen Kontinenten und Menschheitsgruppen wußte Afrika seit jeher im Tausch für die erhaltenen, fremden Kulturgüter

Fig. 39. Schuli-Dorf vom Berge Schua. (Nach Richard Buchta.)

nichts anderes zu bieten, als die eigenen Kinder, und es ist nicht das letzte Kennzeichen einer niedrigen Entwicklung, daß Afrika die grausame Schmach der Sklaverei zu allen Zeiten stumpf und wehrlos ertragen hat.

Die Buschmänner und die Hottentotten.

Wenn wir die Bevölkerung Afrikas im einzelnen ins Auge fassen, so gewahren wir in seinem südlichsten Teil einen geringen Bruchteil von ihr, den wir als eine besondere Rasse anzusprechen haben. Es sind, zum großen Teil in Horden verstreut, die zwei Stämme der Hottentotten und der Buschmänner. Gemeinsam ist beiden die büschelmäßige Verfilzung des Haares, die lederbraune Hautfarbe bei völliger Kahlheit des Körpers, bei den Frauen die eigentümliche Erscheinung des Fettsteißes (der Steatopygie). Sprachlich haben sie die Seltsamkeit von Schnalzlauten gemein, die indessen von Dr. Oskar Baumann auch bei ostafrikanischen Völkern nachgewiesen worden sind. In den meisten anatomischen Merkmalen unterscheiden sich diese zwei südafrikanischen Stämme vollständig von den eigentlichen Negern, so daß ihre Abtrennung von diesen als eigene Rasse gerechtfertigt erscheint.

Buschmänner und Hottentotten bilden nun wohl in körperlicher Rücksicht eine gemeinsame Rasse, gehören aber ethnologisch durchaus nicht zueinander. Die Buschmänner stellen eine kleinwüchsige, unstet in Horden von geringer Kopfzahl herumschweifende Jägerbevölkerung vor, welche vor allem die Wasserarmut der von ihnen bewohnten halbwüsten Gebiete, der Kalahari-Steppe, niemals zu seßhaftem Leben gelangen ließ. Die Hottentotten dagegen, die in der Gegenwart freilich als ethnographische Individualität schon fast gänzlich verschwunden sind, kennen wir als Rinderhirten, die ihren Nahrungsvorrat wohl auch gern mit Früchten und Wurzeln ergänzen. Ihre bienenkorbartigen Wohnungen aus

Holzstäben und Binsenmatten, die bekannten Hottentottenkrale, ihre Lederkleidung, die Bewaffnung mit Speer und Wurfholz nebst Bogen und vergifteten Pfeilen, ihre Lust an Berauschungstränken und dem betäubenden Hanfrauchen, ihre Tänze und Tierfabeln erheben sie beträchtlich über das unstete Jägertum der Buschmänner, die nur in ihren merkwürdigen Felszeichnungen, wie sie sich im ganzen Verbreitungsgebiete der Buschmänner in überraschender Zahl und Wahrheit der Darstellung finden, ein auffallendes Merkmal höherer Begabung hinterlassen haben. Es ist eine ziemlich wahrscheinliche Annahme, daß in einer Reihe niedrig gewachsener Horden, den Obongo in Westafrika, den Akka im Zentralgebiete, der Zwergbevölkerung, die Stanley im großen Urwald des Kongogebietes und Stuhlmann in Ostafrika beobachtete, Reste einer mit der Buschmannbevölkerung rassenhaft verwandten zwerghaften Urbevölkerung zu erkennen seien, die durch die Neger verdrängt, zersplittert und beinahe aufgerieben wurden.

Die Bantuneger.

Nach Rasse und Kultur bilden die Neger Afrikas, welche vom Südrande der Sahara bis zum Gebiet der Hottentotten und Buschmänner in zahllosen Abstufungen physischer, ethnischer und politischer Art wohnen, eine einzige große Familie. Die Sprache scheidet sie aber streng in zwei deutlich bestimmte Gruppen: die Bantuneger, die vorwiegend den Süden des Erdteils einnehmen, indessen hoch bis zum 5. nördlichen Breitengrad heraufreichen, und die eigentlichen Neger Westafrikas, Zentralafrikas und des Sudan. Die Sprachen der Bantuneger, untereinander eng verwandt, sind durch den Gebrauch von Präfixen charakterisiert, wie sie beispielsweise in dem anlautenden Wa— vieler süd- und ostafrikanischer Völkernamen, in dem anlautenden U— zahlreicher Landschaftsbezeichnungen vorliegen.

Die ungeheure Zahl der Bantuvölker, welche über ein so riesenhaftes, geographisch mannigfaltigst gebildetes Gebiet verbreitet sind, haben die Völkerkundigen in mehrere deutlich geschiedene Hauptgruppen geschieden, deren jede wieder zahlreiche Zweige und Äste besitzt. Ein scharfer Gegensatz der Lebensweise begünstigt diese Einteilung. So sind die erste Hauptgruppe im eigentlichen Südafrika nomadische, kriegerische Herdenbesitzer: die Kaffern und die mit ihnen verwandten Betschuanen. Ihre Nachbarn, die südwestlichen Bantu am Sambesi, sind zunächst eine rein geographisch gefaßte Gruppe, die sich ethnologisch als Übergangsform zwischen der Nomadenbevölkerung des Südens und den reinen Ackerbaustämmen des zentralen Afrika charakterisiert. Eine weitere große Gruppe der Bantu wird von den Bewohnern des Kongogebietes gebildet, welche mit den Küstenvölkern Niederguineas in deutlichstem Zusammenhang stehen, immerhin aber eine sehr eigenartige Kulturentwicklung besitzen, die uns manche Überraschungen gebracht hat. Der letzte große Bantuzweig endlich sind die Ostafrikaner, welche als typische Ackerbauer auftreten.

Alle Bantuvölker, mit Ausnahme derjenigen Südafrikas, haben durch die Einflüsse der Araber von der Ostküste her, durch den Islam und den in ihren Händen liegenden Sklavenhandel tiefgreifende Einflüsse erfahren und sind in ihrer Entwicklung überdies durch die verheerenden Züge hamitischer Völker aus dem Norden, wie der Massai, auf das empfindlichste gestört und geschädigt worden. Die jetzige Völkerlagerung auf ihrem Verbreitungsgebiet ist das Ergebnis mehrerer größerer Völkerwanderungen, die vom Norden nach dem Süden und wieder rückläufig gegangen sind; sie ist das Ergebnis von Eroberungszügen einzelner Stämme, von Hungersnöten und völkermordenden Epidemien, welche ganze Landschaften ihrer ursprünglichen Bevölkerung beraubt haben.

Von den Kaffern, Betschuanen und den südwestlichen Sambesi-Völkern scheint es trotz der verwirrenden Menge der Stämme und Reiche, die uns aus ihrem Bereich bekannt sind, nicht gänzlich unmöglich, mit leichten Strichen ein allgemeines Lebensbild zu bieten. Südafrika, das in der Zone der Passatwinde mit unsicheren Regenzeiten liegt, hat wenig geschlossene Wälder, dafür vorzugsweise parkartige Steppen. Es herrscht daher in erster Linie Viehzucht, der Feldbau ist von geringerer Bedeutung. Infolgedessen sind die südafrikanischen Völker nicht streng gegliedert, sondern wie alle Nomaden locker zusammengefügt. Ein Strom zweiten Ranges, wie der Sambesi, genügt, um große Bevölkerungen hier auseinanderzuhalten. Dabei ist, ein Haupthindernis für stetige Kulturentwicklung, die Bevölkerungszahl eine äußerst dünne, und selbst diese ungünstige Ziffer wird noch zu ohnmächtigen Bruchteilen zerfasert durch die Zersplitterung der Bevölkerung in zahllose Stämme und Stämmchen, die sich untereinander durch Raub- und Rachefehden fortwährend in Schach halten. Vorübergehend haben auf dem Boden Mittel-Südafrikas wohl einzelne Despoten größere Macht zusammengerafft und ausgedehntere Reiche unter ihrer Faust gehalten, aber es sind immer nur flüchtige Schöpfungen gewesen. Das eigentliche Leben des Bantu-Negers spielt sich daher noch immer im Dorf ab, wenn man dem Kral mit den niedrigen runden Hütten diesen Namen überhaupt erteilen will.

Charakteristisch für das Gebiet ist der Kegelstil der Wohn- und Vorratshütten, der zur kreisrunden Dorfanlage führen muß. In der Anordnung der Wohnhütten, die sich um die Hütte des Häuptlings gruppieren, gewahrt man das Patriarchalische im Leben dieser Stämme noch deutlich ausgeprägt. Die bedrängte Lage vieler Stämme hat sie ihre Dörfer an den geschütztesten Punkten anlegen lassen. Wir können uns danach den Eindruck großer „Städte", die aus solchen

Kegelhütten mit völligem Mangel geordneter Straßenzüge bestehen, genügend vorstellen. Ganz im Gegensatz zu den Verhältnissen höherer Lebensstufen ist hier der Hausbau durchaus Sache und Arbeit der Frauen, von denen sechs ein größeres Haus in acht Tagen bauen — eine Reminiszenz aus den Tagen des Mutterrechts.

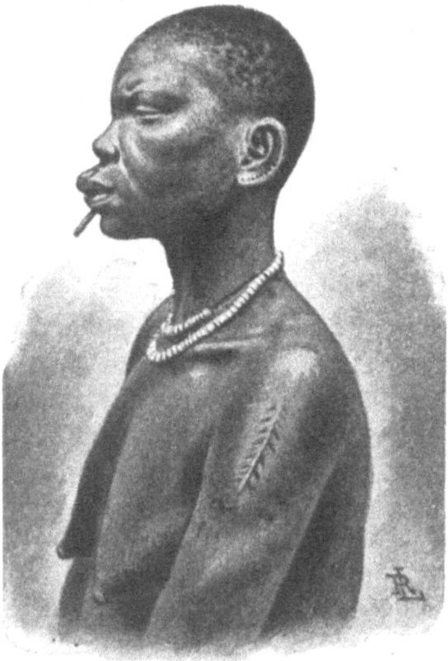

Fig. 40. Eine Abakanegerin mit Lippenpflock. (Nach Richard Buchta.)

Neben sich und vielfach im buchstäblichen Sinne des Wortes um sich, in den ringförmigen Pferchen um die Strohhütte, verwahrt der Südafrikaner seinen wichtigsten Besitz, seine Schaf- und Ziegenherden, in eigenen, dorngeschützten Hürden sein Rind, während Hund und Hühner mit ihm leben. Außer der Jagd ist die Sorge für das Vieh fast die einzige Beschäftigung des Mannes. Die Volksernährung gründet sich auf den Viehbesitz, der flüchtige Ackerbau dieser Stämme bringt nur, als Beitrag des Weibes, Ergänzungen zum Mahle. Im ganzen öffentlichen und häuslichen Leben dieser Viehzüchtervölker spielt die Herde ihre große Rolle, der Feldbau nur insofern, als er das Weib oft in tagelanger Arbeit auf dem Acker hält. Die Frauenfigur unserer Abbildung 13, die, den Säugling auf dem Rücken, mit der Haue die Ackerkrume zerschlägt, deutet diese Verhältnisse gut an.

So dürftig Haus und Haushalt hier eingerichtet sind, in dem Hausgerät und seiner Ausstattung spricht sich doch bereits ein schwacher Sinn für Zier und Luxus aus. Die Holzschnitzereien an Löffeln, Stühlen und Gefäßen, die Zieraten an den Eisen- und Ledersachen, die Flechtkunst und Freihandtöpferei verdienen Berücksichtigung, wenn man sich

Fig. 41. Dorf am Victoria-Nyansa-See. (Nach Dr. Oskar Baumann.)

ein Bild von dem Geiste dieser Menschen schaffen soll. Weniger, als man bei ihren kriegerischen Zuständen vermuten sollte, ist die Entwicklung der Waffen fortgeschritten.

Bei der Verteilung der Arbeit zwischen Männern und Weibern fällt, wie bei gar vielen primitiven Völkern, die Sorge für Kleidung und Putz zumeist den Männern zu. Der Mann beansprucht die besseren Stücke für sich, er verwendet überhaupt mehr zur Ausstaffierung seiner Person als das gedrückte Weib, welches mit einem bescheidenen Schürzchen und einigen Glasperlen genug für sich getan zu haben glaubt.

Die kunstvoll zusammengenähten Fellmäntel (Karossen) rühren eben von der Jagd, dem Männerwerk, her, ebenso zumeist der Krimskrams ihres Schmuckes, der aus Raubtierkrallen, Zähnen, Fellstreifchen, kurz aus Jagdtrophäen zusammengesetzt ist und den Charakter eines Talismans hat. Hier ist auch die Heimat der absonderlichsten und mühsamsten Haarfrisuren, zu deren Herstellung Wochen benötigt werden.

Es ist ein eigentümlicher verwirrter Geisterglaube, der das Dasein dieser Stämme ganz überschattet. Seine Wurzeln hat er in ihrer unvollkommenen Erkenntnis des Todes und er erstreckt sich über jede, die kleinste wie die bedeutsamste Angelegenheit ihres Lebens. Diese Leute zaubern den ganzen Tag. Wie im öffentlichen, insbesondere im Rechtsleben, so geben sie in hundert kleinen häuslichen und privaten Angelegenheiten gewissen abergläubischen Prozeduren die Entscheidung anheim. Dieses abergläubische Wesen wird noch verstärkt durch die spukhaften Vorstellungen vom Tode, der hier wie bei allen primitiven Völkern dem Leben sehr nahe wohnt. Die Ausstattung ihrer Gräber spricht deutlich ihr Unverständnis des Todes aus.

Eine nähere Übersicht über diese Völker macht uns zunächst mit den Südostkaffern, den Zulus, den Matabele, Betschuanen und den nördlichen Kaffern bekannt, von welchen die Zulus als der am meisten kriegerische Stamm berühmt geworden sind. Unter den südwestlichen Bantuvölkern treten die Ovaherero, Ovambo und Ondonga hervor, zu denen körperlich die Bergdamara zu stellen sind, hauptsächlich viehzuchttreibende Völker, die indessen auch bereits Ackerbau pflegen, sodann die Völker des Zambesigebietes. Die reinen Ackerbau treibenden Stämme Ostafrikas, welche erst seit den neueren Kolonisationsbestrebungen Deutschlands und Englands auf diesem Gebiet in unseren Gesichtskreis getreten sind, werden zweckmäßig in drei Hauptgruppen, in die Völker am Nyassa, solche des Seengebietes und die Stämme zwischen der Küste und den Seen getrennt. Die Völker am Kongo und in Niederguinea endlich, welche an der Küste in ihrer Originalität schon auf das schwerste beeinträchtigt sind, am mittleren und oberen Kongo und dessen Nebenflüssen die höchste innerafrikanische Kultur entwickelt haben, weisen die allergrößte Zersplitterung auf, deren ethnographische Verwirrung am besten auf der Karte eingesehen wird. Die bedeutendsten sind die Völker der Seengebiete am Viktoria-Nyanza, Albert-Nyanza und Tanganjika, wo in den Landschaften Uganda, Unyoro und Karagwe unter der Herrschaft hamitischer Hirtenvölker, der Wahuma, der Waganda, Wanyoro, Warundi, blühende und volkreiche Staatswesen erblüht sind.

Fig. 42. Schilluknegerin. (Nach Richard Buchta.)

Die West- und Zentral-Afrikaner und Sudanneger.

Stellen die Bantuneger eine in sich sprachlich zusammenhängende Hauptfamilie der afrikanischen Negerbevölkerung dar, welche, wenn auch von hamitischen Einwanderern strichweise durchsetzt und von arabischem Einfluß beherrscht, in sehr festem Zusammenhange miteinander stehen, so tritt uns die zweite nördliche Hauptgruppe der Neger, die eigentliche Negerbevölkerung Zentralafrikas, Westafrikas und des Sudan, mit weit geringerer Einheitlichkeit der Abstammung und geringerer Einförmigkeit der Lebensweise entgegen. Die Negervölker des Sudan sind von hellfarbigen Stämmen durchsetzt, von blutfremden kriegerischen Einwanderern unterjocht und beherrscht; die mannigfaltigsten Prozesse von Völkerverschmelzung haben hier ein buntes Gemenge der schärfsten ethnologischen Gegensätze erzeugt. Berücksichtigen wir die seit Jahrtausenden wirkenden Einflüsse der berberischen Bevölkerung des Nordens, die mächtige Umwandlung dieser Völker durch den Islam, für den die Sudanneger zumeist gewonnen sind und der, um nur den einen Fall zu erwähnen, den Mahdismus im ägyptischen Sudan mit seinen völkerverheerenden und -verbindenden Kriegen hervorgerufen hat; denken wir an die mannigfaltigen Einwirkungen des hamitischen Elementes im Osten, so ergibt sich uns, in Verbindung mit dem Eindruck einer ursprünglichen Mannigfaltigkeit der Negerbevölkerung selbst, fast das Bild eines ethnologischen Chaos.

Immerhin weilt der Blick auf einzelnen Hauptgruppen der Bevölkerung. Die Bewohner der Westküste und des anschließenden Binnenlandes bis zum Niger, also die Völker des Küstenlandes von Neu-Guinea, der Sklaven-, Gold- und Pfefferküste und die Stämme Senegambiens und am oberen Senegal, bilden zusammen eine solche. In diesem Gebiete fanden sich noch bis vor kurzem unabhängige typische und berüchtigte Negerstaaten, wie Dahomey und der Aschantistaat. Hier findet sich auch die Merkwürdigkeit einer originalen Negerschrift, bei den Wei im Hinterlande von Sierra Leone. Dscholof und Mandingo am oberen Senegal, ein Erobervolk, das im westlichen Sudan zu geschichtlicher Bedeutung gelangt ist, müssen wenigstens genannt werden.

Fig. 43. Bari-Schmiede. (Nach Richard Buchta.)

Ihrer Gruppe tritt diejenige der Haussa-Völker und der Fulbe-Staaten mit relativ hoher Blüte der Kultur und konsolidierter politischer Macht am Südrande der Sahara zur Seite. Das echte Negervolk der Haussa, das diese Staaten begründet hat, während gegenwärtig die hamitischen Fulbe die Vorherrschaft ausüben, das Mischvolk der Sonhray mit gänzlich isol erter Sprache sind die Hauptstämme dieser Gruppe. Vier Negerreiche mit einer sehr bunt gemischten Bevölkerung schließen sich an und bilden die dritte Gruppe, Bornu, Baghirmi, Wadai und Dar-Fur, wozu das Wüstenvolk der Tibbu gerechnet wird. Die negerhafte Grundlage der Bevölkerung ist durch hamitische und besonders auch durch zahlreiche arabische Beimischungen auffällig verändert, der Islam herrschend, das ursprüngliche Heidentum jedoch noch nirgends verdrängt. Es sind originelle Kulturen mit wechselvoller Geschichte.

Dem fesselnden Bilde dieser merkwürdigen Kulturbevölkerung am Südrande der großen Wüste tritt mit scharfem Gegensatz die Bewohnerschaft des oberen Nilgebietes entgegen. Die Schilluk am weißen Nil, die Dinka und Nuer sowie die Bari, Madi und Schuli an den Quell- und Zuflüssen des großen Stroms stellen eine inferiore und primitive Gruppe von Völkern zusammen, an welche sich die kriegerischen und kannibalischen Niam-Niam und Monbuttu von unbestimmter ethnologischer Stellung, mit überraschender Kulturhöhe und geistigen Fähigkeiten anreihen.

Der Sudan, als tropisches Wald- und Kornland, verhält seine Bevölkerung vor allem zum Feldbau, der eine beträchtliche Verdichtung derselben und infolge davon feste Staatenbildung begünstigt. Immer sind die despotischen Alleinherrschaften, die hier entstanden, nicht so flüchtig und locker gefügt, wie in Südafrika, sondern häufig die Veranlassung einer fortlaufenden Geschichte. In durchgreifender Weise ist bei allen Negern das bürgerliche Recht Gegenstand eifriger Ausbildung; das Fetischwesen, die Geistes- und Zauberfurcht teilen alle die aufgezählten Völker miteinander. Überall ist die Eisenbearbeitung und nebstdem die Holzschnitzkunst die technologische Grundlage ihrer materiellen Existenz, während Lederbearbeitung, Weberei und Rindenstoffbereitung sich in die Befriedigung des Kleidungsbedürfnisses teilen. Von ethnologischem Gesichtspunkt sind vielleicht die Bantuvölker lehrreicher; dem Anthropologen und Geschichtschreiber Afrikas aber verbergen sich im Völkergemenge des Sudan eine Fülle der fesselndsten Probleme.

Der hamitische Völkerkreis.

Er erfüllt ganz Nordafrika, sowie das Osthorn des Kontinents bis zum Gleicher und teilt sich nach dem geographischen Schauplatz der Völkerentwicklung in mehrere große Äste, die Berbern, die Ägypter, die Abessinier, die Nubier und die Ostafrikaner, als Somal, Galla und Danakil, und endlich die Fulbe. Keineswegs sind alle diese aufgezählten hamitischen Völker und Völkerfamilien, zu welchen noch manche in Blutmischung mit den Negern Innerafrikas untergegangene kommen mögen, überall rein und unvermischt geblieben. Negroide und arabische Elemente, sodann aber auch mannigfaltiger Einschlag von Völkern der eigenen Rasse ist, zumal an den Völkergrenzen, überall zu beobachten.

Der Hauptstamm der nordwestlichen Afrikaner sind die Berbern und zugleich die ältesten Bewohner ihrer Gebiete, die vom Atlantischen Ozean bis zu den Oasen der Libyschen Wüste reichen, schon dem Altertum als Libyer, Mauren, Numider und Gätuler bekannt und verbündet. Die ausgestorbenen Bewohner der Kanarischen Inseln, die Guanchen, sind Berbern. Solche bilden ebenfalls den Hauptstock der Bevölkerung des Piratenstaates Marokko, wo sie allgemein unter dem Namen Mauren bekannt sind, mit manchem Tropfen arabischen und sudanesischen Negerblutes. Reiner geblieben sind die kriegerischen Stämme der Hochgebirgslandschaften im Atlasgebirge, sowie der Grenzländer an der Sahara und

Fig. 44. Schukurich-Araber.

in den rauhen Riffgebirgsprovinzen an der Küste des Mittelländischen Meeres. Berber sind die Kabylen Algiers und die Zuaven von Tunis, freilich mit starker arabischer Vermischung, endlich auch und vor allem die Stämme der großen Wüste selbst, unter welchen die Tuareg als die wichtigsten zu nennen sind.

Fig. 45. Sudanesischer Krieger.

Die hamitische Bevölkerung Ägyptens, die Fellâhîn am unteren Nil, welche den Bauernstand repräsentieren, und die christlichen Kopten der ägyptischen Städte blicken auf eine ruhmvolle Ahnenschaft zurück. Ägypten, das älteste Kulturland Afrikas und einer der ältesten und bedeutungsvollsten Kulturherde der Alten Welt überhaupt, verdankt seine Einwohnerschaft höchst wahrscheinlich in unvordenklichen Zeiten Einwanderungen von Norden her, denen später in der Herrschaftsepoche der Hyksos (Hirtenkönige) eine semitische Nachströmung folgte. Den griechischen und römischen Zeiten mit ihren wichtigen Kultureinflüssen folgte die arabische Epoche, welche nun freilich ihre charakteristische Tünche über die ganze ägyptische Kultur gelegt hat.

Als Ägyptens Nachbarn bewohnten die Abessinier das äthiopische Alpengebiet, in starker Vermischung mit südarabischen (himjarischen) Elementen, ihr christliches Kaiserreich mit Fanatismus verteidigend. In Nubien nomadisieren zahlreiche hamitische Völkerschaften, von denen ein Teil bereits starke Semitisierung erfahren hat.

Größere Verbreitung über das weite Gebiet zwischen dem abessinischen Hochland und dem Kilimandscharo, zwischen dem Kap Gardafui und dem Niltale, das sogenannte afrikanische Osthorn, haben die hamitischen Galla, ein kriegerisches nomadisches Reitervolk, die Somali mit starker arabischer Blutmischung, die in zahlreiche Stämme zerfallen, sowie die Massai, Wakuafi und Wahuma mit ihrer kriegerischen Soldateska gefunden. Als berüchtigte Viehräuber und wandernde Herdenbesitzer, welche die Negervölker Ostafrikas brandschatzten und ihre Landschaften verheerten, waren insbesondere die Massai der Schrecken Ostafrikas, bis ihre Macht und Existenz durch eine verheerende Rinderpest, welche sie ihrer Herden nahezu völlig beraubte, völlig gebrochen worden ist.

Fig. 46. Hungernder Massai. (Nach Dr. Oskar Baumann.)

9. Die Völker des Kaukasus.

Ehe wir mit der Betrachtung der Bevölkerung Europas den Kreis unserer Darstellung schließen, wollen wir vorerst noch einen Blick auf ein isoliertes Völkergebiet werfen, das in gewissem Sinn als Übergangsgebiet von Asien nach Europa bezeichnet werden kann, wiewohl es in anderer Hinsicht wieder als ein ganz selbständiger Völkerboden mit höchst eigenartig gestaltetem Volksleben erscheint. Es ist der Kaukasus, ein Hochgebirgsland, reich von der Natur begünstigt, ein Unterschlupf zahlreicher unruhiger und kriegerischer Bergstämme und zugleich ein Stelldichein verschiedenster asiatischer und europäischer Nachbarbevölkerungen. Russen, Armenier, Osseten, Kurden, Perser, Griechen, Tataren, Nogaier, Kirgisen, Kalmücken, Juden usw. sind in größeren oder geringeren Bevölkerungsziffern vertreten. Die eigentlichen Kaukasusvölker, mit wohlgebildeter Leiblichkeit und zahlreichen Tugenden freier Bergvölker geschmückt, freilich auch nicht ohne die Fehler solcher, zerfallen in eine nördliche Gruppe, zu denen die Völker Daghestans, die Lesghier im Osten, die Tschetschenzen, die Abchasen, Tscherkessen und Karbardiner zählen, und eine südliche Abteilung, die im allgemeinen als Grusiner oder Georgier bezeichnet werden, zu denen noch die Mingrelier, die Pschawen (Chewsuren) und die Swanetier zu stellen sind. Alle die genannten Stämme sind ethnologisch im Rückgang begriffen; auch körperlich sinken sie allmählich von jener Höhe herab, auf welcher sie von den älteren Anthropologen (Blumenbach) als der adelige Typus der europäischen Rasse, der edelsten Menschenart, ergriffen worden sind.

10. Die Völker Europas.

Wiewohl Europa, rein geographisch genommen, nichts anderes als die westlichste Halbinsel des großen asiatischen

Fig. 47. Türkische Frau im Straßenkostüm.

Kontinents darstellt, so ist es doch, geschichtlich und kulturell, der eigenartigste und ungleich bedeutungsvollste Schauplatz für die Entwicklung des Menschengeschlechts überhaupt geworden. Die europäischen Völker, durch eine seltene Verkettung zahlreicher fördernder Entwicklungsfaktoren begünstigt, sind längst aus dem nebelhaften Dasein der Urzeit und der reinen Naturbedingtheit emporgestiegen zu geschichtlichem Leben, um alle Kulturkräfte ihrer geschichtlichen Umwelt sich nutzbar zu machen und durch das regste Verkehrsleben auf Grund günstiger Rassenkreuzungen sich innerlich und äußerlich auf das mannigfachste zu bereichern.

Die wechselvolle Naturausstattung Europas, die Mäßigung des Klimas, welche hier extreme Lebensbedingungen ausschloß, die reiche Gliederung des Kontinents, die Nähe zu wichtigen Völker- und Kulturschauplätzen Asiens und Afrikas, die in uralte Vorzeit hinaufreichende Lebendigkeit des Verkehrs zwischen den europäischen Ländergebieten — dies alles ist schon öfter und gründlich genug für die hohe Entwicklungsstufe der europäischen Bevölkerung verantwortlich gemacht worden. In den letzten Jahrzehnten hat man auch (namentlich von seiten Gobineaus und seiner Nachfolger) die innere Mitgift seiner Völker, d. h. des arischen Teils derselben in sehr auffälligem Maße in den Vordergrund der Betrachtung gerückt. Allerdings erfolgte ein großer Teil der maßgebenden Rassenbildungs- und -mischungsprozesse und der bedeutungsvollsten Völkerbewegungen in prähistorischer Vorzeit — so daß die betreffenden Einsichten noch nicht klar und einwandfrei genug dargestellt erscheinen. Jedenfalls zeigt sich, daß Europa nicht ohne große ethnographische Brücken zu Asien und Afrika geblieben ist; in europäischer Vorzeit erscheint eine vorarische Bevölkerungsschicht, von der es ungewiß ist, ob in derselben Reste der alten diluvialen Bevölkerung Europas aufgegangen sind, in großer Verbreitung namentlich über den Süden; die Iberer in Spanien (ihr letzter Rest die Basken), die Rätier und Etrusker in Italien und den Alpen gehörten dazu, wahrscheinlich in Zusammenhang mit den Afrikanern (Hamiten oder selbst Negern) stehend. Ebenso sind im Norden Europas sowie im Südosten mächtige Verbindungen mit asiatischem Völkerblute gegeben; uralische Stämme haben hier bis in die heutige Zeit, in zahlreichen Völkerwellen einander überschichtend, sich behauptet.

Mit dem Beginn der geschichtlichen Zeit in Europa treffen wir in den allgemeinsten Zügen die heutige Anordnung der europäischen Völker arischer Abkunft bereits angedeutet, wenn sie auch keineswegs irgendwie festgeworden ist. Daß diese Völker durch ein genealogisches Band zusammengehalten werden und irgendwie, auch irgendwo einmal eine ethnische und kulturelle Einheit gebildet haben, hat uns die vergleichende Sprachforschung gelehrt. Diese arische oder indoeuropäische Völkerfamilie, deren östlichste Zweige sich bis nach Iran und Vorderindien erstrecken, erscheint in mehrere Hauptäste gegliedert. Verschiedene Völkergruppen dieser Familie sind nacheinander aus dem Osten nach West- und Mitteleuropa eingedrungen: Kelten, Germanen und Slawen, nachdem der Süden in Griechenland und Italien bereits seine arische Bevölkerung: Griechen, Thraker, Illyrier, Italiker, Ligurer usw. empfangen hatte. In dieser großen Völkergruppe herrscht die blonde und die schwarze Komplexion; daß die blonde ihre ursprüngliche Ausbildung in den Gestadeländern der Ostsee empfangen, darüber ist man einig; weniger aber ist dies bezüglich der Herkunft des brünetten Typus, der nach Süden zu im Verbreitungsgebiete der Arier stetig zunimmt, der Fall.

Ähnlich wie auf anthropologischem Gebiete liegen die Verhältnisse auch in bezug auf die Kulturentwicklung Europas. Die Geschichte des europäischen Altertums ist in der Haupt-

Fig. 48. Gebirgsalbanese.

sache die Geschichte der allmählichen Verbreitung der (ursprünglich aus dem Oriente stammenden) mittelländischen Kultur nach West- und Mitteleuropa. Nach dem Norden ist sie erst im späteren Mittelalter gelangt. Hat Griechenland zu dieser die wissenschaftlichen und künstlerischen Grundlagen gelegt, so hat das römische Weltreich diese Kultur technisch und politisch weiter ausgebaut und sie dem übrigen Europa vermittelt. Soweit die volle römische Herrschaft durch mehrere Jahrhunderte in Europa geherrscht hatte, so weit ungefähr hat sich auch als seine Fortentwicklung romanisches Volks- und Staatenleben in Europa festgesetzt, ein Prozeß, der wie die politische und ethnische Entwicklung des Germanentums den Inhalt des frühen Mittelalters ausmacht. Die Völkerwanderungszeit hat diese großartigen Volksbildungsvorgänge eingeleitet. Es mischen und bilden sich, unter starker Beteiligung der am meisten westlich vorgeschobenen germanischen Stämme, die lateinischen Nationen der Spanier, Franzosen und Italiener; in Mitteleuropa und Nordeuropa bilden sich die germanischen Nationen, denen zunächst die Eroberung Englands, dann im späteren Mittelalter durch großartige Kolonistentätigkeit die Germanisation der Ostalpen und Ostdeutschlands gelingt, während der skandinavische Zweig des Germanentums seine politische und historische Selbständigkeit einleitet. Gewaltige Grenzverschiebungen unter hundertjährigen Kämpfen, die eigentlich, nur in anderen Formen, bis auf den heutigen Tag andauern, spielen sich im Osten des germanischen Volksgebietes mit den benachbarten Letto-Slawen ab, deren politische Einrichtung und Festsetzung am spätesten erfolgt und die den fortdauernden Völkerschiebungen und Invasionen aus dem Osten am intensivsten und längsten ausgesetzt gewesen sind. Man denke nur an die Völkerfluten der Skythen, Sarmaten, Hunnen, Awaren, Magyaren, Petschenegen, Kumanen, Mongolen, Türken, Kirgisen, Kal-

Fig. 49. Huzule (Galizien).

Fig. 50. Huzulin (Galizien).

mücken, die alle ihre Schicksale und ihr Blut dem Osten Europas einverleibt und zurückgelassen haben.

Die Ausbildung aller dieser großen, aus zahlreichen Mischungen hervorgegangenen Völker Europas zu den heutigen Nationen, in denen die landschaftlichen Unterschiede mehr und mehr zu einer strengen politischen Einheit aufgezehrt scheinen, ist freilich erst das Werk der allerletzten Jahrhunderte europäischer Entwicklung: die ursprüngliche Mannigfaltigkeit schimmert überall noch stark durch die politische Einfarbigkeit der Nationen hindurch, für welche überall die Festsetzung einer Schriftsprache maßgebend geworden ist. Dergestalt ist die ethnographische Gliederung der heutigen europäischen Bevölkerung in den Hauptzügen die folgende.

1. Griechisch-illyrische Gruppe. Hierher gehören die heutigen Hellenen in Griechenland, die Griechen in Kreta, Kleinasien und Cypern, sowie in Rumelien und Mazedonien; sie sind mit slawischem und albanesischem Blute stark gemischt. Sodann die Albanesen (Arnauten) in Albanien und Griechenland, mit Kolonien in Unteritalien und Sizilien.

2. Romanische Gruppe. Die Spanier, in die Kastilianer des Westens und die Katalonier im Norden und Osten auseinandertretend; die Portugiesen; die Franzosen mit dem Gegensatz der Nordfranzosen und Südfranzosen (Provençalen), zu welchen noch die Wallonen Belgiens und die (keltischen) Bretonen der Bretagne zu zählen sind; die Italiener in Italien, Südtirol, Istrien und Dalmatien, in Nizza und Korsika, sodann in der Schweiz (Kanton Tessin), und endlich die Rumänen, ein Mischvolk aus Thrakern, Römern und Slawen, in Rumänien, Siebenbürgen, der Bukowina, Thessalien sitzend, bilden diese große hauptsächlich südwesteuropäische Völkergruppe, zu der am ungezwungensten auch die Rätoromanen in der Schweiz, Oberitalien und Südtirol zu stellen sind (Churwelsche, Ladiner, Friauler).

3. Germanische Gruppe. Nationenweise betrachtet haben wir zu nennen: die Deutschen (Niederdeutsche, Mitteldeutsche, Oberdeutsche), die Niederländer und Vlamen in Holland und im nördlichen Belgien, die Skandinavier (Schweden, Norweger und Dänen, die beiden letztgenannten einander näher stehend als den Schweden), endlich die Engländer, aus Kelten, Angelsachsen und romanisierten Normannen hervorgegangen.

4. Lettoslawische Gruppe. Die Letten und Litauer, zu denen auch die alten verschwundenen Preußen zu stellen sind, in Ostdeutschland und Westdeutschland treten als selbständiger Zweig dem slawischen Aste dieser Gruppe entgegen; die Slawen zerfallen in östliche, südliche und westliche Stämme; erstere haben als Russen einen europäischen Großstaat begründet, während die Südslawen: Serben, Bulgaren, Kroaten und Slowenen zum großen Teile der österreichisch-ungarischen Monarchie oder der Türkei angehören und nur in den Donaufürstentümern Bulgarien und Serbien und Montenegro selbständige Existenz gewonnen haben; zu den kulturell am fortgeschrittensten Westslawen zählen die Tschechen, Polen, Slowaken und Wenden.

5. Keltische Gruppe. Trümmer derselben haben sich in der Bretagne, sowie in England (Wales) und Schottland (Gälen), besonders aber in Irland erhalten.

Von den im Schoße und in der Nachbarschaft der soeben angeführten arischen Bevölkerung Europas wohnenden, aus Asien stammenden nichtarischen Völkern unseres Erdteils ist im allgemeinen schon gesprochen worden. Es sei hier nochmals an die Basken in Spanien, die Finnen und Lappen in Nordrußland und Ostskandinavien, an die Magyaren und die Türken, sowie an die zahlreichen finnisch-uralischen Stämme Süd- und Ostrußlands erinnert. Endlich gebührt ein Wort dem semitischen Fremdvolke der Juden, die hier

Fig. 51. Holzkirche in der Bukowina.

bereits seit der römischen Zeit in der Diaspora leben, und den Zigeunern, einem nordindischen Pariastamme, der seit dem 14. Jahrhundert wandernd nach Ost- und Südeuropa eingedrungen ist. Von den ethnographischen Besonderheiten der europäischen Völker handelt die Volkskunde, welche auch unter den höchstgestiegenen Kulturvölkern zahlreiche Überlebsel aus primitiven Zuständen nachzuweisen sich bemüht und damit den entwicklungsgeschichtlichen Zusammenhang auch der höchsten Kulturstufe mit älteren roheren Gesittungszuständen herstellt.

Sachregister.

Register der Völkernamen.

Kleine geschichtliche Bibliothek

aus der **Sammlung Göschen**

Preis: in Leinwand gebd. je 80 Pfg.

Urgeschichte der Menschheit von Dr. Moritz Hoernes, Prof. an der Universität Wien. Mit 48 Abbildungen. Nr. 42.

Geschichte des alten Morgenlandes von Dr. Fr. Hommel, Prof. an der Universität München. Mit 6 Bildern und 1 Karte. Nr. 43.

Geschichte Israels bis auf die griechische Zeit von Lic. Dr. J. Benzinger. Nr. 231.

Griechische Geschichte von Dr. Heinrich Swoboda, Professor an der deutschen Universität Prag. Nr. 49.

Römische Geschichte, neubearbeitet von Realgymnasialdirektor Dr. Julius Koch. Nr. 19.

Deutsche Geschichte im Mittelalter (bis 1500) von Prof. Dr. F. Kurze, Oberlehrer am Kgl. Luisengymnasium in Berlin. Nr. 33.

Deutsche Geschichte im Zeitalter der Reformation und der Religionskriege (1500 — 1648) von Prof. Dr. F. Kurze, Oberlehrer am Kgl. Luisengymnasium in Berlin. Nr. 34.

Österreichische Geschichte. I.: Von der Urzeit bis zum Tode König Albrechts II. von Prof. Dr. Franz von Krones, neubearbeitet von Dr. Karl Uhlirz, Professor an der Universität Graz. Nr. 104.

Österreichische Geschichte. II.: Von 1526 bis zur Gegenwart von Hofrat Dr. Franz von Krones, Professor an der Universität Graz. Nr. 105.

Französische Geschichte von Dr. R. Sternfeld, Professor an der Universität Berlin. Nr. 85.

Russische Geschichte von Dr. Wilhelm Reeb, Oberlehrer am Ostergymnasium in Mainz. Nr. 4.

Spanische Geschichte von Dr. Gustav Diercks. Nr. 266.

Schweizerische Geschichte von Dr. K. Dändliker, Professor an der Universität Zürich. Nr. 188.

Geschichte des Byzantinischen Reiches von Dr. K. Roth in Kempten. Nr. 190.

Bayerische Geschichte von Dr. Hans Ockel in Augsburg. Nr. 160.

Sächsische Geschichte von Professor Otto Kaemmel, Rektor des Nikolaigymnasiums zu Leipzig. Nr. 100.

Badische Geschichte von Dr. Karl Brunner, Professor am Gymnasium in Pforzheim und Privatdozent der Geschichte an der Technischen Hochschule in Karlsruhe. Nr. 230.

Geschichte Lothringens von Dr. Herm. Derichsweiler, Geh. Regierungsrat in Straßburg. Nr. 6.

Geschichte des 19. Jahrhunderts von Oskar Jäger, ordentl. Honorarprofessor an der Universität Bonn. I.: 1800—1852. Nr. 216.

— — II.: 1852—1900. Nr. 217.

Kolonialgeschichte von Dr. Dietrich Schäfer, Professor der Geschichte an der Universität Berlin. Nr. 156.

Deutsche Stammeskunde von Dr. Rudolf Much, Privatdozent an der Universität Wien. Mit 2 Karten u. 2 Tafeln. Nr. 126.

Die deutschen Altertümer von Dr. Franz Fuhse, Direktor des städtischen Museums in Braunschweig. Mit 70 Abbildungen. Nr. 124.

Deutsche Kulturgeschichte von Dr. Reinh. Günther. Nr. 56.

Deutsches Leben im 12. Jahrhundert. Kulturhistorische Erläuterungen zum Nibelungenlied und zur Kudrun. Von Prof. Dr. Julius Dieffenbacher in Freiburg i. B. Mit 1 Tafel und 30 Abbildungen. Nr. 93.

Griechische Altertumskunde von Professor Dr. Rich. Maisch, neu bearbeitet von Rektor Dr. Franz Pohlhammer. Mit 9 Vollbildern. Nr. 16.

Römische Altertumskunde von Dr. Leo Bloch, Dozent an der Universität Zürich. Mit 8 Vollbildern. Nr. 45.

Die Kultur der Renaissance. Gesittung, Forschung, Dichtung von Dr. Robert F. Arnold, Privatdozent an der Universität Wien. Nr. 189.

Abriss der Burgenkunde von Hofrat Dr. Otto Piper in München. Mit 30 Abbildungen. Nr. 119.

Einleitung in die Geschichtswissenschaft von Dr. Ernst Bernheim, Professor an der Universität Greifswald. Nr. 270.

Quellenkunde der deutschen Geschichte von Dr. Carl Jacob, Professor an der Universität Tübingen. 2 Bände. Nr. 279, 280.

Weitere Bände sind in Vorbereitung.

G. J. Göschen'sche Verlagshandlung in Leipzig.

Kleine geographische Bibliothek
aus der „Sammlung Göschen"

= Jedes Bändchen gebunden 80 Pf. =

Physische Geographie von Dr. Siegm. Günther, Professor an der Königl. Technischen Hochschule in München. Mit 32 Abbild. Nr. 26.

Astronomische Geographie von Dr. Siegm. Günther, Prof. an der Königl. Techn. Hochschule in München. Mit 52 Abbildungen. Nr. 92.

Klimalehre von Professor Dr. W. Köppen, Meteorologe der Seewarte Hamburg. Mit 7 Tafeln und 2 Figuren. Nr. 114.

Meteorologie von Dr. W. Trabert, Prof. an der Universität Innsbruck. Mit 49 Abbild. u. 7 Tafeln. Nr. 54.

Gletscherkunde von Dr. Fritz Machacek in Wien. Mit 5 Abbildungen im Text und 11 Tafeln. Nr. 154.

Tiergeographie von Dr. Arnold Jacobi, Professor der Zoologie an der Königlichen Forstakademie zu Tharandt. Mit 2 Karten. Nr. 218.

Physische Meereskunde von Dr. Gerhard Schott, Abteilungsvorsteher an der Deutschen Seewarte in Hamburg. Mit 28 Abbildungen im Text und 8 Tafeln. Nr. 112.

Die Alpen von Dr. Rob. Sieger, Priv.-Doz. an der Universität und Prof. an der Exportakademie des k. k. Handelsmuseums in Wien. Mit 19 Abbild. und 1 Karte. Nr. 129.

Länderkunde von Europa von Dr. Franz Heiderich, Professor am Francisco-Josephinum in Mödling. Mit 14 Textkärtchen und Diagrammen und einer Karte der Alpeneinteilung. Nr. 62.

— **der außereuropäischen Erdteile** von Dr. Franz Heiderich, Prof. am Francisco-Josephinum in Mödling. Mit 11 Textkärtchen und Profilen. Nr. 63.

Fortsetzung auf der nächsten Seite!

= G. J. Göschen'sche Verlagshandlung in Leipzig. =

Kleine geographische Bibliothek aus der „Sammlung Göschen"

Jedes Bändchen gebunden 80 Pf.

Landeskunde von Baden von Prof. Dr. O. Kienitz in Karlsruhe. Mit Profil, Abb. u. 1 Karte. Nr. 199.

— **des Königreichs Bayern** von Dr. W. Götz, Professor an der Königl. Techn. Hochschule München. Mit Profilen, Abbildungen und 1 Karte. Nr. 176.

— **von Britisch-Nordamerika** von Prof. Dr. A. Oppel in Bremen. Mit 13 Abbild. u. 1 Karte. Nr. 284.

— **von Elsaß-Lothringen** von Prof. Dr. R. Langenbeck in Straßburg i. E. Mit 11 Abbildungen und 1 Karte. Nr. 215.

— **der Iberischen Halbinsel** von Dr. Fritz Regel, Professor an der Universität Würzburg. Mit 8 Kärtchen und 8 Abbild. im Text und 1 Karte in Farbendruck. Nr. 235.

— **von Österreich-Ungarn** von Dr. Alfred Grund, Privatdozent an der Universität Wien. Mit 10 Textillustr. u. 1 Karte. Nr. 244.

Landeskunde des Königreichs Sachsen v. Dr. J. Zemmrich, Oberlehrer am Realgymnasium i. Plauen. Mit 12 Abb. und 1 Karte. Nr. 258.

— **von Skandinavien** (Schweden, Norwegen und Dänemark) von Heinrich Kerp, Lehrer am Gymnasium und Lehrer der Erdkunde am Comenius-Seminar zu Bonn. Mit 11 Abbildungen und 1 Karte. Nr. 202.

— **des Königreichs Württemberg** von Dr. Kurt Hassert, Professor der Geographie an der Handelshochschule in Köln. Mit 16 Vollbildern u. 1 Karte. Nr. 157.

Kartenkunde, geschichtlich dargestellt von E. Gelcich, Direktor der k. k. Nautischen Schule in Lussinpiccolo und F. Sauter, Professor am Realgymnasium in Ulm, neu bearbeitet von Dr. Paul Dinse, Assistent der Gesellschaft für Erdkunde in Berlin. Mit 70 Abbildungen. Nr. 30.

Weitere Bände sind in Vorbereitung.

G. J. Göschen'sche Verlagshandlung in Leipzig.

Sammlung Göschen

Je in elegantem Leinwandband 80 Pf.

G. J. Göschen'sche Verlagshandlung, Leipzig.

Verzeichnis der bis jetzt erschienenen Bände.

Ackerbau- u. Pflanzenbaulehre von Dr. Paul Rippert in Berlin u. Ernst Langenbeck in Bochum. Nr. 232.

Agrikulturchemie. I: Pflanzenernährung v. Dr. Karl Grauer. Nr. 329.

Agrikulturchemische Kontrollwesen, Das, von Dr. Paul Krische in Göttingen. Nr. 304.

Akustik. Theoret. Physik I. Teil: Mechanik u. Akustik. Von Dr. Gust. Jäger, Prof. an der Univers. Wien. Mit 19 Abbild. Nr. 76.

— **Musikalische,** v. Dr. Karl L. Schäfer, Dozent an der Univers. Berlin. Mit 35 Abbild. Nr. 21.

Algebra. Arithmetik u. Algebra v. Dr. H. Schubert, Prof. a. d. Gelehrtenschule d. Johanneums in Hamburg. Nr. 47.

Alpen, Die, von Dr. Rob. Sieger, Prof. an der Universität Graz. Mit 19 Abbild. u. 1 Karte. Nr. 129.

Altertümer, Die deutschen, v. Dr. Franz Fuhse, Direktor d. städt. Museums in Braunschweig. Mit 70 Abb. Nr. 124.

Altertumskunde, Griechische, von Prof. Dr. Rich. Maisch, neubearb. von Rektor Dr. Franz Pohlhammer. Mit 9 Vollbildern. Nr. 16.

— **Römische,** von Dr. Leo Bloch in Wien. Mit 8 Vollb. Nr. 45.

Analyse, Techn.-Chem., von Dr. G. Lunge, Prof. a. d. Eidgen. Polytechn. Schule i. Zürich. Mit 16 Abb. Nr. 195.

Analysis, Höhere, I: Differentialrechnung. Von Dr. Frdr. Junker, Prof. am Karlsgymnasium in Stuttgart. Mit 68 Fig. Nr. 87.

— — Repetitorium und Aufgabensammlung z. Differentialrechnung v. Dr. Friedr. Junker, Prof. am Karlsgymnasium in Stuttgart. Mit 46 Fig. Nr. 146.

— — II: Integralrechnung. Von Dr. Friedr. Junker, Prof. am Karlsgymnasium i. Stuttgart. M. 89 Fig. Nr. 88.

Analysis, Höhere, Repetitorium und Aufgabensammlung zur Integralrechnung von Dr. Friedr. Junker, Prof. am Karlsgymnasium in Stuttgart. Mit 50 Fig. Nr. 147.

— **Niedere,** von Prof. Dr. Benedikt Sporer in Ehingen. Mit 5 Fig. Nr. 53.

Arbeiterfrage, Die gewerbliche, von Werner Sombart, Prof. an der Handelshochschule Berlin. Nr. 209.

Arbeiterversicherung, Die, v. Prof. Dr. Alfred Manes in Berlin. Nr. 267.

Arithmetik und Algebra von Dr. Herm. Schubert, Prof. an der Gelehrtenschule des Johanneums in Hamburg. Nr. 47.

— — Beispielsammlung zur Arithmetik u. Algebra v. Dr. Hermann Schubert, Prof. an der Gelehrtenschule des Johanneums in Hamburg. Nr. 48.

Ästhetik, Allgemeine, von Prof. Dr. Max Diez, Lehrer an d. Kgl. Akademie der bildenden Künste in Stuttgart. Nr. 300.

Astronomie. Größe, Bewegung und Entfernung der Himmelskörper von A. F. Möbius, neu bearb. v. Dr. W. F. Wislicenus, Prof. a. d. Univers. Straßburg. Mit 36 Abb. u. 1 Sternk. Nr. 11.

Astrophysik. Die Beschaffenheit der Himmelskörper von Dr. Walter F. Wislicenus, Prof. an der Universität Straßburg. Mit 11 Abbild. Nr. 91.

Aufgabensammlg. z. Analyt. Geometrie d. Ebene v. O. Th. Bürklen, Prof. am Realgymnasium in Schw.-Gmünd. Mit 32 Figuren. Nr. 256.

— — **d. Raumes** von O. Th. Bürklen, Prof. am Realgymnasium in Schw.-Gmünd. Mit 8 Fig. Nr. 309.

— **Physikalische,** v. G. Mahler, Prof. der Mathem. u. Physik am Gymnas. in Ulm. Mit d. Resultaten. Nr. 243.

Aufsatzentwürfe von Oberstudienrat Dr. L. W. Straub, Rektor des Eberhard-Ludwigs-Gymnasiums in Stuttgart. Nr. 17.

Sammlung Göschen

Je in elegantem Leinwandband 80 Pf.

G. J. Göschen'sche Verlagshandlung, Leipzig.

Ausgleichungsrechnung nach der Methode der kleinsten Quadrate von Wilh. Weitbrecht, Prof. der Geodäsie in Stuttgart. Mit 15 Figuren und 2 Tafeln. Nr 302.

Baukunst, Die, des Abendlandes von Dr. K. Schäfer, Assistent am Gewerbemuseum in Bremen. Mit 22 Abbild. Nr. 74.

Betriebskraft, Die zweckmäßigste, von Friedrich Barth, Oberingenieur in Nürnberg. 1. Teil: Die mit Dampf betriebenen Motoren nebst 22 Tabellen über ihre Anschaffungs- und Betriebskosten. Mit 14 Abbild. Nr. 224.

— — 2. Teil: Verschiedene Motoren nebst 22 Tabellen über ihre Anschaffungs- und Betriebskosten. Mit 29 Abbild. Nr. 225.

Bewegungsspiele von Dr. E. Kohlrausch, Prof. am Kgl. Kaiser Wilhelms-Gymnasium zu Hannover. Mit 14 Abbild. Nr. 96.

Biologie der Pflanzen von Dr. W. Migula, Prof. an der Forstakademie Eisenach. Mit 50 Abbild. Nr. 127.

Biologie der Tiere, Abriß der, von Dr. Heinr. Simroth, Prof. an der Universität Leipzig. Nr. 131.

Bleicherei. Textil-Industrie III: Wäscherei, Bleicherei, Färberei und ihre Hilfsstoffe von Wilhelm Massot, Lehrer an der Preuß. höh. Fachschule f. Textilindustrie in Krefeld. Mit 28 Fig. Nr. 186.

Brauereiwesen I: Mälzerei von Dr. Paul Dreverhoff, Direktor d. Brauer- u. Mälzerschule zu Grimma. Mit 16 Abbild. Nr. 303.

Buchführung in einfachen und doppelten Posten von Rob. Stern, Oberlehrer der Öffentl. Handelslehranst. u. Doz. d. Handelshochschule z. Leipzig. Mit vielen Formularen. Nr. 115.

Buddha von Prof. Dr. Edmund Hardy. Nr. 174.

Burgenkunde, Abriß der, von Hofrat Dr. Otto Piper in München. Mit 30 Abbild. Nr. 119.

Chemie, Allgemeine und physikalische, von Dr. Max Rudolphi, Prof. a. d. Techn. Hochschule in Darmstadt. Mit 22 Fig. Nr. 71.

— **Analytische,** von Dr. Johannes Hoppe. I: Theorie und Gang der Analyse. Nr. 247.

— — II: Reaktion der Metalloide und Metalle. Nr. 248.

— **Anorganische,** von Dr. Jos. Klein in Mannheim. Nr. 37.

— — siehe auch: Metalle. — Metalloide.

Chemie, Geschichte der, von Dr. Hugo Bauer, Assistent am chem. Laboratorium der Kgl. Technischen Hochschule Stuttgart. I: Von den ältesten Zeiten bis zur Verbrennungstheorie von Lavoisier. Nr. 264.

— II: Von Lavoisier bis zur Gegenwart. Nr. 265.

— **der Kohlenstoffverbindungen** von Dr. Hugo Bauer, Assistent am chem. Laboratorium der Kgl. Techn. Hochschule Stuttgart. I. II: Aliphatische Verbindungen. 2 Teile. Nr. 191. 192.

— — III: Karbocyklische Verbindungen. Nr. 193.

— — IV: Heterocyklische Verbindungen. Nr. 194.

— **Organische,** von Dr. Jos. Klein in Mannheim. Nr. 38.

— **Physiologische,** von Dr. med. A. Legahn in Berlin. I: Assimilation. Mit 2 Tafeln. Nr. 240.

— — II: Dissimilation. Mit einer Tafel. Nr. 241.

Chemisch-Technische Analyse von Dr. G. Lunge, Prof. an der Eidgenöss. Polytechn. Schule in Zürich. Mit 16 Abbild. Nr. 195.

Dampfkessel, Die. Kurzgefaßtes Lehrbuch mit Beispielen für das Selbststudium u. d. praktischen Gebrauch von Friedrich Barth, Oberingenieur in Nürnberg. Mit 67 Fig. Nr. 9.

Dampfmaschine, Die. Kurzgefaßtes Lehrbuch m. Beispielen für das Selbststudium und den prakt. Gebrauch von Friedrich Barth, Oberingenieur in Nürnberg. Mit 48 Fig. Nr. 8.

Sammlung Göschen

Je in elegantem Leinwandband 80 Pf.

G. J. Göschen'sche Verlagshandlung, Leipzig.

Dampfturbinen, Die, ihre Wirkungsweise und Konstruktion von Ingenieur Hermann Wilda in Bremen. Mit 89 Abbild. Nr. 274.

Dichtungen a. mittelhochdeutscher Frühzeit. In Auswahl m. Einltg. u. Wörterb. herausgegeb. v. Dr. Herm. Jantzen, Direktor der Königin Luise-Schule in Königsberg i. Pr. Nr. 137.

Dietrichepen. Kudrun u. Dietrichepen. Mit Einleitung und Wörterbuch von Dr. O. L. Jiriczek, Prof. an der Univers. Münster. Nr. 10.

Differentialrechnung von Dr. Frdr. Junker, Prof. a. Karlsgymnasium in Stuttgart. Mit 68 Fig. Nr. 87.

— Repetitorium u. Aufgabensammlung z. Differentialrechnung von Dr. Frdr. Junker, Prof. am Karlsgymnasium in Stuttgart. Mit 46 Fig. Nr. 146.

Eddalieder mit Grammatik, Übersetzung und Erläuterungen von Dr. Wilhelm Ranisch, Gymnasial-Oberlehrer in Osnabrück. Nr. 171.

Eisenhüttenkunde von A. Krauß, dipl. Hütteningen. I. Teil: Das Roheisen. Mit 17 Fig. u. 4 Tafeln. Nr. 152.

— II. Teil: Das Schmiedeisen. Mit 25 Figuren und 5 Tafeln. Nr. 153.

Eisenkonstruktionen im Hochbau von Ingenieur Karl Schindler in Meißen. Nr. 322.

Elektrizität. Theoret. Physik III. Teil: Elektrizität u. Magnetismus. Von Dr. Gust. Jäger, Prof. a. d. Univers. Wien. Mit 33 Abbildgn. Nr. 78.

Elektrochemie von Dr. Heinr. Danneel, Privatdozent in Breslau. I. Teil: Theoretische Elektrochemie und ihre physikalisch-chemischen Grundlagen. Mit 18 Fig. Nr. 252.

Elektrotechnik. Einführung in die moderne Gleich- und Wechselstromtechnik von J. Herrmann, Professor der Elektrotechnik an der Kgl. Techn. Hochschule Stuttgart. I: Die physikalischen Grundlagen. M. 47 Fig. Nr. 196.

— — II: Die Gleichstromtechnik. Mit 74 Fig. Nr. 197.

— — III: Die Wechselstromtechnik. Mit 109 Fig. Nr. 198.

Epigonen, Die, des höfischen Epos. Auswahl aus deutschen Dichtungen des 13. Jahrhunderts von Dr. Viktor Junk, Aktuarius der Kaiserlichen Akademie der Wissenschaften in Wien. Nr. 289.

Erdmagnetismus, Erdstrom, Polarlicht von Dr. A. Nippoldt jr., Mitglied des Königl. Preußischen Meteorologischen Instituts zu Potsdam. Mit 14 Abbild. und 3 Taf. Nr. 175.

Ethik von Professor Dr. Thomas Achelis in Bremen. Nr. 90.

Exkursionsflora von Deutschland zum Bestimmen der häufigeren in Deutschland wildwachsenden Pflanzen von Dr. W. Migula, Professor an der Forstakademie Eisenach. 1. Teil. Mit 50 Abbild. Nr. 268.

— — 2. Teil. Mit 50 Abbild. Nr. 269.

Explosivstoffe. Einführung in die Chemie der explosiven Vorgänge von Dr. H. Brunswig in Neubabelsberg. Mit 6 Abbild. u. 12 Tab. Nr. 333.

Familienrecht. Recht des Bürgerlichen Gesetzbuches. Viertes Buch: Familienrecht von Dr. Heinrich Titze, Prof. a. d. Univ. Göttingen. Nr. 305.

Färberei. Textil-Industrie III: Wäscherei, Bleicherei, Färberei u. ihre Hilfsstoffe v. Dr. Wilh. Massot, Lehrer a. d. Preuß. höh. Fachschule f. Textilindustrie i. Krefeld. M. 28 Fig. Nr. 186.

Feldgeschütz, Das moderne, I: Die Entwicklung des Feldgeschützes seit Einführung des gezogenen Infanteriegewehrs bis einschließlich der Erfindung des rauchlosen Pulvers, etwa 1850 bis 1890, von Oberstleutnant W. Heydenreich, Militärlehrer an der Militärtechn. Akademie in Berlin. Mit 1 Abbild. Nr. 306.

— — II: Die Entwicklung des heutigen Feldgeschützes auf Grund der Erfindung des rauchlosen Pulvers, etwa 1890 bis zur Gegenwart, von Oberstleutnant W. Heydenreich, Militärlehrer an der Militärtechn. Akademie in Berlin. Mit 11 Abbild. Nr. 307.

Sammlung Göschen

Je in elegantem Leinwandband 80 Pf.

G. J. Göschen'sche Verlagshandlung, Leipzig.

Fernsprechwesen, Das, von Dr. Ludwig Rellstab in Berlin. Mit 47 Fig. und 1 Tafel. Nr. 155.

Festigkeitslehre von W. Hauber, Diplom-Ingenieur. M. 56 Fig. Nr. 288.

Fette, Die, und Oele sowie die Seifen- u. Kerzenfabrikation und die Harze, Lacke, Firnisse mit ihren wichtigsten Hilfsstoffen von Dr. Karl Braun in Berlin. I: Einführung in die Chemie, Besprechung einiger Salze und die Fette und Öle. Nr. 335.

— — II: Die Seifenfabrikation, die Seifenanalyse und die Kerzenfabrikation. Mit 25 Abbild. Nr. 336.

— — III: Harze, Lacke, Firnisse. Nr. 337.

Filzfabrikation. Textil-Industrie II: Weberei, Wirkerei, Posamentiererei, Spitzen- und Gardinenfabrikation und Filzfabrikation von Prof. Max Gürtler, Direktor der Königl. Techn. Zentralstelle für Textil-Industrie zu Berlin. Mit 27 Fig. Nr. 185.

Finanzwissenschaft v. Präsident Dr. R. van der Borght in Berlin. Nr. 148.

Firnisse, Harze, Lacke von Dr. Karl Braun in Berlin. (Die Fette und le III.) Nr. 337.

Fischerei und Fischzucht v. Dr. Karl Eckstein, Prof. an der Forstakademie Eberswalde, Abteilungsdirigent bei der Hauptstation des forstlichen Versuchswesens. Nr. 159.

Formelsammlung, Mathemat., u. Repetitorium d. Mathematik, enth. die wichtigsten Formeln und Lehrsätze d. Arithmetik, Algebra, algebraischen Analysis, ebenen Geometrie, Stereometrie, ebenen u. sphärischen Trigonometrie, math. Geographie, analyt. Geometrie d. Ebene u. d. Raumes, d. Different.- u. Integralrechn. v. O. Th. Bürklen, Prof. am Kgl. Realgymn. in Schw.-Gmünd. Mit 18 Fig. Nr. 51.

— **Physikalische,** von G. Mahler, Prof. a. Gymn. in Ulm. Mit 65 Fig. Nr. 136.

Forstwissenschaft von Dr. Ad. Schwappach, Professor an der Forstakademie Eberswalde, Abteilungsdirigent bei der Hauptstation des forstlichen Versuchswesens. Nr. 106.

Fremdwort, Das, im Deutschen von Dr. Rud. Kleinpaul in Leipzig. Nr. 55.

Fremdwörterbuch, Deutsches, von Dr. Rud. Kleinpaul in Leipzig. Nr. 273.

Gardinenfabrikation. Textil-Industrie II: Weberei, Wirkerei, Posamentiererei, Spitzen- und Gardinenfabrikation und Filzfabrikation von Prof. Max Gürtler, Direktor der Königl. Technischen Zentralstelle für Textil-Industrie zu Berlin. Mit 27 Fig. Nr. 185.

Gaskraftmaschinen, Die, von Ing. Alfred Kirschke in Halle a. S. Mit 55 Figuren. Nr. 316.

Geodäsie von Dr. C. Reinhertz, Prof. an der Techn. Hochschule Hannover. Mit 66 Abbild. Nr. 102.

Geographie, Astronomische, von Dr. Siegm. Günther, Prof. an der Techn. Hochschule in München. Mit 52 Abbild. Nr. 92.

— **Physische,** von Dr. Siegm. Günther, Prof. an der Königl. Techn. Hochschule in München. Mit 32 Abbild. Nr. 26.

— s. auch: Landeskunde. — Länderkunde.

Geologie von Prof. Dr. Eberh. Fraas in Stuttgart. Mit 16 Abbild. und 4 Taf. mit über 50 Fig. Nr. 13.

Geometrie, Analytische, der Ebene von Prof. Dr. M. Simon in Straßburg. Mit 57 Fig. Nr. 65.

— — **Aufgabensammlung zur Analytischen Geometrie der Ebene** von O. Th. Bürklen, Prof. am Kgl. Realgymnasium in Schwäb.-Gmünd. Mit 32 Fig. Nr. 256.

— **Analytische, des Raumes** von Prof. Dr. M. Simon in Straßburg. Mit 28 Abbild. Nr. 89.

— — **Aufgabensammlung z. Analyt. Geometrie d. Raumes** von O. Th. Bürklen, Prof. a. Realgymn. i. Schwäb.-Gmünd. M. 8 Fig. Nr. 309.

— **Darstellende,** von Dr. Robert Haußner, Prof. an der Univ. Jena. I. Mit 110 Fig. Nr. 142.

— **Ebene,** von G. Mahler, Prof. am Gymnasium in Ulm. Mit 111 zweifarb. Fig. Nr. 41.

Sammlung Göschen

Je in elegantem Leinwandband 80 Pf.

G. J. Göschen'sche Verlagshandlung, Leipzig.

Geometrie, Projektive, in synthet. Behandlung von Dr. Karl Doehlemann, Professor an der Universität München. Mit 91 Fig. Nr. 72.

Geschichte, Badische, von Dr. Karl Brunner, Prof. am Gymnasium in Pforzheim und Privatdozent der Geschichte an der Techn. Hochschule in Karlsruhe. Nr. 230.

— **der Christlichen Balkanstaaten** (Bulgarien, Serbien, Rumänien, Montenegro, Griechenland) von Dr. K. Roth in Kempten. Nr. 331.

— **Bayerische**, von Dr. Hans Ockel in Augsburg. Nr. 160.

— **des Byzantinischen Reiches** von Dr. K. Roth in Kempten. Nr. 190.

— **Deutsche**, I: **Mittelalter** (bis 1519) von Dr. F. Kurze, Prof. am Kgl. Luisengymn. in Berlin. Nr. 33.

— **Deutsche II: Zeitalter der Reformation und der Religionskriege** (1500—1648) von Dr. F. Kurze, Professor am Königl. Luisengymnasium in Berlin. Nr. 34.

— — III: **Vom Westfälischen Frieden bis zur Auflösung des alten Reichs** (1648—1806) von Dr. F. Kurze, Prof. am Kgl. Luisengymnasium in Berlin. Nr. 35.

— — siehe auch: Quellenkunde.

— **Französische**, von Dr. R. Sternfeld, Prof. a. d. Univers. Berlin. Nr. 85.

— **Griechische**, von Dr. Heinrich Swoboda, Prof. an der deutschen Univers. Prag. Nr. 49.

— **des 19. Jahrhunderts** v. Oskar Jäger, o. Honorarprofessor an der Univers. Bonn. 1. Bdchn.: 1800—1852. Nr. 216.

— — 2. Bdchn.: 1853 bis Ende d. Jahrh. Nr. 217.

— **Israels** bis auf die griech. Zeit von Lic. Dr. J. Benzinger. Nr. 231.

— **Lothringens**, von Dr. Herm. Derichsweiler, Geh. Regierungsrat in Straßburg. Nr. 6.

— **des alten Morgenlandes** von Dr. Fr. Hommel, Prof. a. d. Univers. München. M. 6 Bild. u. 1 Kart. Nr. 43.

Geschichte, Oesterreichische, I: Von der Urzeit bis zum Tode König Albrechts II. (1439) von Prof. Dr. Franz von Krones, neubearbeitet von Dr. Karl Uhlirz, Prof. an der Univ. Graz. Mit 11 Stammtaf. Nr. 104.

— — II: Vom Tode König Albrechts II. bis zum Westfälischen Frieden (1440 bis 1648), von Prof. Dr. Franz von Krones, neubearbeitet von Dr. Karl Uhlirz, Prof. an der Univ. Graz. Mit 3 Stammtafeln. Nr. 105.

— **Polnische**, v. Dr. Clemens Brandenburger in Posen. Nr. 338.

— **Römische**, von Realgymnasial-Dir. Dr. Jul. Koch in Grunewald. Nr. 19.

— **Russische**, v. Dr. Wilh. Reeb, Oberl. am Ostergymnasium in Mainz. Nr. 4.

— **Sächsische**, von Professor Otto Kaemmel, Rektor des Nikolaigymnasiums zu Leipzig. Nr. 100.

— **Schweizerische**, von Dr. K. Dändliker, Prof. a. d. Univ. Zürich. Nr. 188.

— **Spanische**, von Dr. Gustav Diercks. Nr. 266.

— **der Chemie** siehe: Chemie.

— **der Malerei** siehe: Malerei.

— **der Mathematik** s.: Mathematik.

— **der Musik** siehe: Musik.

— **der Pädagogik** siehe: Pädagogik.

— **der Physik** siehe: Physik.

— **des deutschen Romans** s.: Roman.

— **der deutschen Sprache** siehe: Grammatik, Deutsche.

— **des deutschen Unterrichtswesens** siehe: Unterrichtswesen.

Geschichtswissenschaft, Einleitung in die, von Dr. Ernst Bernheim, Prof. an der Univers. Greifswald. Nr. 270.

Geschütze der Fußartillerie, Die Entwicklung der. Vom Auftreten der gezogenen Geschütze bis zur Verwendung des rauchschwachen Pulvers 1850—1890 v. Mummenhoff, Major beim Stabe des Fußartillerie-Regiments Generalfeldzeugmeister (Brandenburgisches Nr. 3). Mit 50 Textbildern. Nr. 334.

Gesetzbuch, Bürgerliches, siehe: Recht des Bürgerlichen Gesetzbuches.

Sammlung Göschen Je in elegantem Leinwandband 80 Pf.

G. J. Göschen'sche Verlagshandlung, Leipzig.

Gesundheitslehre. Der menschliche Körper, sein Bau und seine Tätigkeiten, von E. Rebmann, Oberschulrat in Karlsruhe. Mit Gesundheitslehre von Dr. med. H. Seiler. Mit 47 Abb. u. 1 Taf. Nr. 18.

Gewerbewesen von Werner Sombart, Prof. an d. Handelshochschule Berlin. I. II. Nr. 203. 204.

Gewichtswesen. Maß-, Münz- und Gewichtswesen von Dr. Aug. Blind, Prof. an der Handelsschule in Köln. Nr. 283.

Gleichstrommaschine, Die, von C. Kinzbrunner, Ingenieur und Dozent für Elektrotechnik an der Municipal School of Technology in Manchester. Mit 78 Fig. Nr. 257.

Gletscherkunde von Dr. Fritz Machacek in Wien. Mit 5 Abbild. im Text und 11 Taf. Nr. 154.

Gottfried von Straßburg. Hartmann von Aue, Wolfram von Eschenbach u. Gottfried von Straßburg. Auswahl aus dem höf. Epos mit Anmerkungen und Wörterbuch von Dr. K. Marold, Prof. am Kgl. Friedrichskollegium zu Königsberg i. Pr. Nr. 22.

Grammatik, Deutsche, und kurze Geschichte der deutschen Sprache von Schulrat Professor Dr. O. Lyon in Dresden. Nr. 20.

— **Griechische,** I: Formenlehre von Dr. Hans Meltzer, Prof. an der Klosterschule zu Maulbronn. Nr. 117.

— — II: Bedeutungslehre und Syntax von Dr. Hans Meltzer, Prof. an der Klosterschule zu Maulbronn. Nr. 118.

— **Lateinische.** Grundriß der lateinischen Sprachlehre von Prof. Dr. W. Votsch in Magdeburg. Nr. 82.

— **Mittelhochdeutsche.** Der Nibelunge Nôt in Auswahl und mittelhochdeutsche Grammatik mit kurzem Wörterbuch von Dr. W. Golther, Prof. an der Univers. Rostock. Nr. 1.

— **Russische,** von Dr. Erich Berneker, Prof. an der Univers. Prag. Nr. 66.

— — siehe auch: Russisches Gesprächsbuch. — Lesebuch.

Handelskorrespondenz, Deutsche, von Prof. Th. de Beaux, Officier de l'Instruction Publique. Nr. 182.

— **Englische,** von E. E. Whitfield, M. A., Oberlehrer an King Edward VII Grammar School in King's Lynn. Nr. 237.

— **Französische,** von Professor Th. de Beaux, Officier de l'Instruction Publique. Nr. 183.

— **Italienische,** von Prof. Alberto de Beaux, Oberlehrer am Kgl. Institut S. S. Annunziata in Florenz. Nr. 219.

— **Russische,** von Dr. Theodor von Kawraysky in Leipzig. Nr. 315.

— **Spanische,** von Dr. Alfredo Nadal de Mariezcurrena. Nr. 295.

Handelspolitik, Auswärtige, von Dr. Heinr. Sieveking, Prof. an der Univers. Marburg. Nr. 245.

Handelswesen, Das, von Dr. Wilh. Lexis, Prof. a. d. Univers. Göttingen. I: Das Handelspersonal und der Warenhandel. Nr. 296.

— — II: Die Effektenbörse und die innere Handelspolitik. Nr. 297.

Harmonielehre von A. Halm. Mit vielen Notenbeilagen. Nr. 120.

Hartmann von Aue, Wolfram von Eschenbach und Gottfried von Straßburg. Auswahl aus dem höfischen Epos mit Anmerkungen und Wörterbuch von Dr. K. Marold, Prof. am Königlichen Friedrichskollegium zu Königsberg i. Pr. Nr. 22.

Harze, Lacke, Firnisse von Dr. Karl Braun in Berlin. (Die Fette und Öle III.) Nr. 337.

Hauptliteraturen, Die, d. Orients v. Dr. M. Haberlandt, Privatdoz. a. d. Univers. Wien. I. II. Nr. 162. 163.

Heldensage, Die deutsche, von Dr. Otto Luitpold Jiriczek, Prof. an der Univers. Münster. Nr. 32.

— siehe auch: Mythologie.

Industrie, Anorganische Chemische, v. Dr. Gust. Rauter in Charlottenburg. I: Die Leblancsodaindustrie und ihre Nebenzweige. Mit 12 Taf. Nr. 205.

Sammlung Göschen

Je in elegantem Leinwandband 80 Pf.

G. J. Göschen'sche Verlagshandlung, Leipzig.

Industrie, Anorganische Chemische, v. Dr. Gust. Rauter in Charlottenburg. II: Salinenwesen, Kalisalze, Düngerindustrie u. Verwandtes. Mit 6 Taf. Nr. 206.

— — III: Anorganische Chemische Präparate. Mit 6 Tafeln. Nr. 207.

— **der Silikate, der künstl. Bausteine und des Mörtels.** I: Glas- und keramische Industrie von Dr. Gustav Rauter in Charlottenburg. Mit 12 Taf. Nr. 233.

— — II: Die Industrie der künstlichen Bausteine und des Mörtels. Mit 12 Taf. Nr. 234.

Infektionskrankheiten, Die, und ihre Verhütung von Stabsarzt Dr. W. Hoffmann in Berlin. Mit 12 vom Verfasser gezeichneten Abbildung. u. einer Fiebertafel. Nr. 327.

Integralrechnung von Dr. Friedr. Junker, Prof. am Karlsgymn. in Stuttgart. Mit 89 Fig. Nr. 88.

— Repetitorium u. Aufgabensammlung zur Integralrechnung v. Dr. Friedrich Junker, Prof. am Karlsgymn. in Stuttgart. Mit 50 Fig. Nr. 147.

Kartenkunde, geschichtlich dargestellt von E. Gelcich, Direktor der k. k. Nautischen Schule in Lussinpiccolo und F. Sauter, Prof. am Realgymn. in Ulm, neu bearb. von Dr. Paul Dinse, Assistent der Gesellschaft für Erdkunde in Berlin. Mit 70 Abbild. Nr. 30.

Kerzenfabrikation. Die Seifenfabrikation, die Seifenanalyse und die Kerzenfabrikation von Dr. Karl Braun in Berlin. (Die Fette und Öle II.) Mit 25 Abbild. Nr. 336.

Kirchenlied. Martin Luther, Thom. Murner, und das Kirchenlied des 16. Jahrhunderts. Ausgewählt und mit Einleitungen und Anmerkungen versehen von Prof. G. Berlit, Oberlehrer am Nikolaigymnasium zu Leipzig. Nr. 7.

Klimakunde I: Allgemeine Klimalehre von Prof. Dr. W. Köppen, Meteorologe der Seewarte Hamburg. Mit 7 Taf. und 2 Fig. Nr. 114.

Kolonialgeschichte von Dr. Dietrich Schäfer, Prof. der Geschichte an der Univers. Berlin. Nr. 156.

Kolonialrecht, Deutsches, von Dr. H. Edler von Hoffmann, Privatdoz. an der Univers. Göttingen. Nr. 318.

Kompositionslehre. Musikalische Formenlehre von Stephan Krehl. I. II. Mit vielen Notenbeispielen. Nr. 149. 150.

Kontrollwesen, Das agrikulturchemische, von Dr. Paul Krische in Göttingen. Nr. 304.

Körper, der menschliche, sein Bau und seine Tätigkeiten, von E. Rebmann, Oberschulrat in Karlsruhe. Mit Gesundheitslehre von Dr. med. H. Seiler. Mit 47 Abbild. und 1 Taf. Nr. 18.

Kristallographie von Dr. W. Bruhns, Prof. an der Univers. Straßburg. Mit 190 Abbild. Nr. 210.

Kudrun und Dietrichepen. Mit Einleitung und Wörterbuch von Dr. O. L. Jiriczek, Prof. an der Univers. Münster. Nr. 10.

— — siehe auch: Leben, Deutsches, im 12. Jahrhundert.

Kultur, Die, der Renaissance. Gesittung, Forschung, Dichtung von Dr. Robert F. Arnold, Privatdozent an der Univers. Wien. Nr. 189.

Kulturgeschichte, Deutsche, von Dr. Reinh. Günther. Nr. 56.

Künste, Die graphischen, von Carl Kampmann, Fachlehrer a. d. k. k. Graphischen Lehr- und Versuchsanstalt in Wien. Mit zahlreichen Abbild. und Beilagen. Nr. 75.

Kurzschrift siehe: Stenographie.

Lacke, Harze, Firnisse von Dr. Karl Braun in Berlin. (Die Fette und Öle III.) Nr. 337.

Länderkunde von Europa von Dr. Franz Heiderich, Prof. am Francisco-Josephinum in Mödling. Mit 14 Textkärtchen und Diagrammen und einer Karte der Alpeneinteilung. Nr. 62.

Sammlung Göschen

Je in elegantem Leinwandband **80 Pf.**

G. J. Göschen'sche Verlagshandlung, Leipzig.

Länderkunde der außereuropäischen Erdteile von Dr. Franz Heiderich, Prof. a. Francisco-Josephinum in Mödling. Mit 11 Textkärtchen und Profil. Nr. 63.

Landeskunde u. Wirtschaftsgeographie d. Festland. Australien von Dr. Kurt Hassert, Professor der Geographie an d. Handels-Hochschule in Köln. Mit 8 Abbild., 6 graphisch. Tabellen und 1 Karte. Nr. 319.

Landeskunde von Baden von Prof. Dr. O. Kienitz in Karlsruhe. Mit Profil, Abbild. und 1 Karte. Nr. 199.

— **des Königreichs Bayern** von Dr. W. Götz, Prof. an der Kgl. Techn. Hochschule München. Mit Profilen, Abbild. u. 1 Karte. Nr. 176.

— **von Britisch-Nordamerika** von Prof. Dr. A. Oppel in Bremen. Mit 13 Abbild. und 1 Karte. Nr. 284.

— **von Elsaß-Lothringen** von Prof. Dr. R. Langenbeck in Straßburg i. E. Mit 11 Abbildgn. u. 1 Karte. Nr. 215.

— **der Iberischen Halbinsel** von Dr. Fritz Regel, Prof. an der Univers. Würzburg. Mit 8 Kärtchen und 8 Abbild. im Text und 1 Karte in Farbendruck. Nr. 235.

— **von Österreich-Ungarn** von Dr. Alfred Grund, Professor an der Univers. Berlin. Mit 10 Textillustration. und 1 Karte. Nr. 244.

— **der Rheinprovinz** von Dr. Victor Steinecke, Direktor des Realgymnasiums in Essen. Mit 9 Abbild., 3 Kärtchen und 1 Karte. Nr. 308.

— **des Königreichs Sachsen** v. Dr. J. Zemmrich, Oberlehrer am Realgymnas. in Plauen. Mit 12 Abbild. u. 1 Karte. Nr. 258.

— **von Skandinavien** (Schweden, Norwegen und Dänemark) von Heinrich Kerp, Lehrer am Gymnasium und Lehrer der Erdkunde am Comenius-Seminar zu Bonn. Mit 11 Abbild. und 1 Karte. Nr. 202.

— **des Königreichs Württemberg** v. Dr. Kurt Hassert, Prof. d. Geographie an der Handelshochschule in Köln. Mit 16 Vollbild. u. 1 Karte. Nr. 157.

Landwirtschaftliche Betriebslehre von Ernst Langenbeck in Bochum. Nr. 227.

Leben, Deutsches, im 12. u. 13. Jahrhundert. Realkommentar zu den Volks- und Kunstepen und zum Minnesang. Von Prof. Dr. Jul. Dieffenbacher in Freiburg i. B. 1. Teil: Öffentliches Leben. Mit zahlreichen Abbildungen. Nr. 93.

— — 2. Teil: Privatleben. Mit zahlreichen Abbildungen. Nr. 328.

Lessings Emilia Galotti. Mit Einleitung und Anmerkungen von Prof. Dr. W. Votsch. Nr. 2.

— **Minna v. Barnhelm.** Mit Anm. von Dr. Tomaschek. Nr. 5.

Licht. Theoretische Physik II. Teil: Licht und Wärme. Von Dr. Gust. Jäger, Prof. an der Univers. Wien. Mit 47 Abbild. Nr. 77.

Literatur, Althochdeutsche, mit Grammatik, Übersetzung und Erläuterungen von Th. Schauffler, Prof. am Realgymnasium in Ulm. Nr. 28.

Literaturdenkmäler des 14. u. 15. Jahrhunderts. Ausgewählt und erläutert von Dr. Hermann Jantzen, Direktor der Königin Luise-Schule in Königsberg i. Pr. Nr. 181.

— **des 16. Jahrhunderts I: Martin Luther, Thom. Murner u. das Kirchenlied des 16. Jahrhunderts.** Ausgewählt und mit Einleitungen und Anmerkungen versehen von Prof. G. Berlit, Oberlehrer am Nikolaigymnasium zu Leipzig. Nr. 7.

— — **II: Hans Sachs.** Ausgewählt und erläutert von Prof. Dr. Jul. Sahr. Nr. 24.

— — **III: Von Brant bis Rollenhagen: Brant, Hutten, Fischart, sowie Tierepos und Fabel.** Ausgewählt und erläutert von Prof. Dr. Julius Sahr. Nr. 36.

Literaturen, Die, des Orients. I. Teil: Die Literaturen Ostasiens und Indiens v. Dr. M. Haberlandt, Privatdozent an der Univers. Wien. Nr. 162.

Sammlung Göschen Je in elegantem Leinwandband 80 Pf.

G. J. Göschen'sche Verlagshandlung, Leipzig.

Literaturen, Die, des Orients. II. Teil: Die Literaturen der Perser, Semiten und Türken, von Dr. M. Haberlandt, Privatdozent an der Univers. Wien. Nr. 163.

Literaturgeschichte, Deutsche, von Dr. Max Koch, Professor an der Univers. Breslau. Nr. 31.

— **Deutsche, der Klassikerzeit** von Carl Weitbrecht, Prof. an der Techn. Hochschule Stuttgart. Nr. 161.

— **Deutsche, des 19. Jahrhunderts** v. Carl Weitbrecht, Prof. an d. Techn. Hochschule Stuttgart. I. II. Nr. 134. 135.

— **Englische,** von Dr. Karl Weiser in Wien. Nr. 69.

— — Grundzüge und Haupttypen der englischen Literaturgeschichte von Dr. Arnold M. M. Schröer, Prof. an der Handelshochschule in Köln. 2 Teile. Nr. 286. 287.

— **Griechische,** mit Berücksichtigung der Geschichte der Wissenschaften von Dr. Alfred Gercke, Prof. an der Univers. Greifswald. Nr. 70.

— **Italienische,** von Dr. Karl Voßler, Prof. a. d. Univ. Heidelberg. Nr. 125.

— **Nordische,** I. Teil: Die isländische und norwegische Literatur des Mittelalters von Dr. Wolfgang Golther, Prof. an d. Univers. Rostock. Nr. 254.

— **Portugiesische,** von Dr. Karl von Reinhardstoettner, Prof. an der Kgl. Techn. Hochschule München. Nr. 213.

— **Römische,** von Dr. Hermann Joachim in Hamburg. Nr. 52.

— **Russische,** von Dr. Georg Polonskij in München. Nr. 166.

— **Slavische,** von Dr. Josef Karásek in Wien. 1. Teil: Ältere Litteratur bis zur Wiedergeburt. Nr. 277.

— — 2. Teil: Das 19. Jahrh. Nr. 278.

— **Spanische,** von Dr. Rudolf Beer in Wien. I. II. Nr. 167. 168.

Logarithmen. Vierstellige Tafeln und Gegentafeln für logarithmisches und trigonometrisches Rechnen in zwei Farben zusammengestellt von Dr. Hermann Schubert, Prof. an der Gelehrtenschule des Johanneums in Hamburg. Nr. 81.

Logik. Psychologie und Logik zur Einführung in die Philosophie von Dr. Th. Elsenhans. Mit 13 Fig. Nr. 14.

Luther, Martin, Thom. Murner und das Kirchenlied des 16. Jahrhunderts. Ausgewählt und mit Einleitungen und Anmerkungen versehen von Prof. G. Berlit, Oberlehrer am Nikolaigymnasium zu Leipzig. Nr. 7.

Magnetismus. Theoretische Physik III. Teil: Elektrizität und Magnetismus. Von Dr. Gustav Jäger, Prof. an der Univers. Wien. Mit 33 Abbild. Nr. 78.

Malerei, Geschichte der, I. II. III. IV. V. von Dr. Rich. Muther, Prof. an d. Univers. Breslau. Nr. 107—111.

Mälzerei. Brauereiwesen I: Mälzerei von Dr. P. Dreverhoff, Direktor d. Öffentl. u. I. Sächs. Versuchsstat. für Brauerei u. Mälzerei, sowie der Brauer- u. Mälzerschule zu Grimma. Nr. 303.

Maschinenelemente, Die. Kurzgefaßtes Lehrbuch mit Beispielen für das Selbststudium und den prakt. Gebrauch von Fr. Barth, Oberingenieur in Nürnberg. Mit 86 Fig. Nr. 3.

Maß-, Münz- und Gewichtswesen von Dr. August Blind, Prof. an der Handelsschule in Köln. Nr. 283.

Maßanalyse von Dr. Otto Röhm in Stuttgart. Mit 14 Fig. Nr. 221.

Materialprüfungswesen. Einführ. i. d. mod. Technik d. Materialprüfung von K. Memmler, Diplomingenieur. Ständ. Mitarbeiter a. Kgl. Material-Prüfungsamte zu Groß-Lichterfelde. I: Materialeigenschaften. — Festigkeitsversuche. — Hilfsmittel f. Festigkeitsversuche. Mit 58 Fig. Nr. 311.

— — II: Metallprüfung u. Prüfung v. Hilfsmaterialien d. Maschinenbaues. — Baumaterialprüfung. — Papierprüfung. — Schmiermittelprüfung. — Einiges über Metallographie. Mit 31 Fig. Nr. 312.

Sammlung Göschen Je in elegantem Leinwandband 80 Pf.

G. J. Göschen'sche Verlagshandlung, Leipzig.

Mathematik, Geschichte der, von Dr. A. Sturm, Professor am Obergymnasium in Seitenstetten. Nr. 226.

Mechanik. Theoret. Physik I. Teil: Mechanik und Akustik. Von Dr. Gustav Jäger, Prof. an der Univ. Wien. Mit 19 Abbild. Nr. 76.

Meereskunde, Physische, von Dr. Gerhard Schott, Abteilungsvorsteher an der Deutschen Seewarte in Hamburg. Mit 28 Abbild. im Text und 8 Taf. Nr. 112.

Messungsmethoden, Physikalische v. Dr. Wilhelm Bahrdt, Oberlehrer an der Oberrealschule in Groß-Lichterfelde. Mit 49 Fig. Nr. 301.

Metalle (Anorganische Chemie 2. Teil) v. Dr. Oskar Schmidt, dipl. Ingenieur, Assistent an der Königl. Baugewerkschule in Stuttgart. Nr. 212.

Metalloide (Anorganische Chemie 1. Teil) von Dr. Oskar Schmidt, dipl. Ingenieur, Assistent an der Kgl. Baugewerkschule in Stuttgart. Nr. 211.

Metallurgie von Dr. Aug. Geitz, diplom. Chemiker in München, I. II. Mit 21 Fig. Nr. 313. 314.

Meteorologie von Dr. W. Trabert, Prof. an der Univers. Innsbruck. Mit 49 Abbild. und 7 Taf. Nr. 54.

Mineralogie von Dr. R. Brauns, Prof. an der Univers. Bonn. Mit 130 Abbild. Nr. 29.

Minnesang und Spruchdichtung. Walther von der Vogelweide mit Auswahl aus Minnesang und Spruchdichtung. Mit Anmerkungen und einem Wörterbuch von Otto Güntter, Prof. an der Oberrealschule und an der Techn. Hochschule in Stuttgart. Nr. 23.

Morphologie, Anatomie u. Physiologie der Pflanzen. Von Dr. W. Migula, Prof. a. d. Forstakademie Eisenach. Mit 50 Abbild. Nr. 141.

Münzwesen. Maß-, Münz- und Gewichtswesen von Dr. Aug. Blind, Prof. an der Handelsschule in Köln. Nr. 283.

Murner, Thomas. Martin Luther, Thomas Murner und das Kirchenlied des 16. Jahrh. Ausgewählt und mit Einleitungen und Anmerkungen versehen von Prof. G. Berlit, Oberl. am Nikolaigymn. zu Leipzig. Nr. 7.

Musik, Geschichte der alten und mittelalterlichen, von Dr. A. Möhler. Mit zahlreichen Abbild. und Musikbeilagen. Nr. 121.

Musikalische Formenlehre (Kompositionslehre) v. Stephan Krehl. I. II. Mit vielen Notenbeispielen. Nr. 149. 150.

Musikgeschichte des 17. und 18. Jahrhunderts von Dr. K. Grunsky in Stuttgart. Nr. 239.

— **des 19. Jahrhunderts** von Dr. K. Grunsky in Stuttgart. I. II. Nr. 164. 165.

Musiklehre, Allgemeine, v. Stephan Krehl in Leipzig. Nr. 220.

Mythologie, Germanische, von Dr. Eugen Mogk, Prof. an der Univers. Leipzig. Nr. 15.

— **Griechische und römische,** von Dr. Herm. Steuding, Prof. am Kgl. Gymnasium in Wurzen. Nr. 27.

— siehe auch: Heldensage.

Nautik. Kurzer Abriß des täglich an Bord von Handelsschiffen angewandten Teils der Schiffahrtskunde. Von Dr. Franz Schulze, Direktor der Navigations-Schule zu Lübeck. Mit 56 Abbild. Nr. 84.

Nibelunge, Der, Nôt in Auswahl und Mittelhochdeutsche Grammatik m. kurz. Wörterbuch v. Dr. W. Golther Prof. an der Univ. Rostock. Nr. 1.

— — siehe auch: Leben, Deutsches, im 12. Jahrhundert.

Nutzpflanzen von Prof. Dr. J. Behrens, Vorst. d. Großh. landwirtschaftl. Versuchsanst. Augustenberg. Mit 53 Fig. Nr. 123.

Öle siehe: Fette.

Pädagogik im Grundriß von Prof. Dr. W. Rein, Direktor des Pädagog. Seminars an der Univ. Jena. Nr. 12.

— **Geschichte der,** von Oberlehrer Dr. H. Weimer in Wiesbaden. Nr. 145.

Sammlung Göschen

Je in elegantem Leinwandband 80 Pf.

G. J. Göschen'sche Verlagshandlung, Leipzig.

Paläontologie v. Dr. Rud. Hoernes, Prof. an der Univ. Graz. Mit 87 Abbild. Nr. 95.

Parallelperspektive. Rechtwinklige und schiefwinklige Axonometrie von Prof. J. Vonderlinn in Münster. Mit 121 Fig. Nr. 260.

Perspektive nebst einem Anhang üb. Schattenkonstruktion und Parallelperspektive von Architekt Hans Freyberger, Oberl. an der Baugewerkschule Köln. Mit 88 Abbild. Nr. 57.

Petrographie von Dr W. Bruhns, Prof. a. d. Univers. Straßburg i. E. Mit 15 Abbild. Nr. 173.

Pflanze, Die, ihr Bau und ihr Leben von Oberlehrer Dr. E. Dennert. Mit 96 Abbild. Nr. 44.

Pflanzenbiologie von Dr. W. Migula, Prof. a. d. Forstakademie Eisenach. Mit 50 Abbild. Nr. 127.

Pflanzenkrankheiten v. Dr. Werner Friedrich Bruck in Gießen. Mit 1 farb. Taf. u. 45 Abbild. Nr. 310.

Pflanzen-Morphologie, -Anatomie und -Physiologie von Dr. W. Migula, Prof. an der Forstakad. Eisenach. Mit 50 Abbild. Nr. 141.

Pflanzenreich, Das. Einteilung des gesamten Pflanzenreichs mit den wichtigsten und bekanntesten Arten von Dr. F. Reinecke in Breslau und Dr. W. Migula, Prof. an der Forstakad. Eisenach. Mit 50 Fig. Nr. 122.

Pflanzenwelt, Die, der Gewässer von Dr. W. Migula, Prof. an der Forstakademie Eisenach. Mit 50 Abbild. Nr. 158.

Pharmakognosie. Von Apotheker F. Schmitthenner, Assistent am Botan. Institut der Technischen Hochschule Karlsruhe. Nr. 251.

Philosophie, Einführung in die, von Dr. Max Wentscher, Prof. a. d. Univers. Königsberg. Nr. 281.

— Psychologie und Logik zur Einführ. in die Philosophie von Dr. Th. Elsenhans. Mit 13 Fig. Nr. 14.

Photographie, Die. Von H. Keßler, Prof. an der k. k. Graphischen Lehr- und Versuchsanstalt in Wien. Mit 4 Taf. und 52 Abbild. Nr. 94.

Physik, Theoretische, I. Teil: Mechanik und Akustik. Von Dr. Gustav Jäger, Prof. an der Univers. Wien. Mit 19 Abbild. Nr. 76.

— — II. Teil: Licht und Wärme. Von Dr. Gustav Jäger, Prof. an der Univ. Wien. Mit 47 Abbild. Nr. 77.

— — III. Teil: Elektrizität und Magnetismus. Von Dr. Gustav Jäger, Prof. an der Univers. Wien. Mit 33 Abbild. Nr. 78.

— **Geschichte der,** von A. Kistner, Prof. an der Großh. Realschule zu Sinsheim a. E. I: Die Physik bis Newton. Mit 13 Fig. Nr. 293.

— — II: Die Physik von Newton bis zur Gegenwart. Mit 3 Fig. Nr. 294.

Physikalische Aufgabensammlung von G. Mahler, Prof. d. Mathem. u. Physik am Gymnasium in Ulm. Mit den Resultaten. Nr. 243.

Physikalische Formelsammlung von G. Mahler, Prof. am Gymnasium in Ulm. Mit 65 Fig. Nr. 136.

Physikalische Messungsmethoden v. Dr. Wilhelm Bahrdt, Oberlehrer an der Oberrealschule in Groß-Lichterfelde. Mit 49 Fig. Nr 301.

Plastik, Die, des Abendlandes von Dr. Hans Stegmann, Konservator am German. Nationalmuseum zu Nürnberg. Mit 23 Taf. Nr. 116.

Poetik, Deutsche, von Dr. K. Borinski, Prof. a. d. Univ. München. Nr. 40.

Posamentiererei. Textil-Industrie II: Weberei, Wirkerei, Posamentiererei, Spitzen- und Gardinenfabrikation und Filzfabrikation von Prof. Max Gürtler, Direktor der Königl. Techn. Zentralstelle für Textil-Ind. zu Berlin. Mit 27 Fig. Nr. 185.

Psychologie und Logik zur Einführ. in die Philosophie, von Dr. Th. Elsenhans. Mit 13 Fig. Nr. 14.

Psychophysik, Grundriß der, von Dr. G. F. Lipps in Leipzig. Mit 3 Fig. Nr. 98.

Sammlung Göschen

Je in elegantem Leinwandband 80 Pf.

G. J. Göschen'sche Verlagshandlung, Leipzig.

Pumpen, hydraulische und pneumatische Anlagen. Ein kurzer Überblick von Regierungsbaumeister Rudolf Vogdt, Oberlehrer an der kgl. höheren Maschinenbauschule in Posen. Mit zahlr. Abbild. Nr. 290.

Quellenkunde zur deutschen Geschichte von Dr. Carl Jacob, Prof. an der Univers. Tübingen. 2 Bde. Nr. 279. 280.

Radioaktivität von Chemiker Wilh. Frommel. Mit 18 Abbild. Nr. 317.

Rechnen, Kaufmännisches, von Richard Just, Oberlehrer an der Öffentlichen Handelslehranstalt der Dresdener Kaufmannschaft. I. II. III. Nr. 139. 140. 187.

Recht d. Bürgerlich. Gesetzbuches. Zweites Buch: Schuldrecht. I. Abteilung: Allgemeine Lehren von Dr. Paul Oertmann, Professor an der Universität Erlangen. Nr. 323.

— — II. Abteilung: Die einzelnen Schuldverhältnisse v. Dr. Paul Oertmann, Professor an der Universität Erlangen. Nr. 324.

— Viertes Buch: Familienrecht von Dr. Heinrich Titze, Prof. an der Univers. Göttingen. Nr. 305.

Rechtslehre, Allgemeine, von Dr. Th. Sternberg, Privatdoz. an der Univers. Lausanne. I: Die Methode. Nr. 169.

— II: Das System. Nr. 170.

Rechtsschutz, Der internationale gewerbliche, von J. Neuberg, Kaiserl. Regierungsrat, Mitglied des Kaiserl. Patentamts zu Berlin. Nr. 271.

Redelehre, Deutsche, v. Hans Probst, Gymnasialprof. in Bamberg. Mit einer Taf. Nr. 61.

Religionsgeschichte, Alttestamentliche, von D. Dr. Max Löhr, Prof. an der Univers. Breslau. Nr. 292.

— **Indische,** von Prof. Dr. Edmund Hardy. Nr. 83.

— — siehe auch Buddha.

Religionswissenschaft, Abriß der vergleichenden, von Prof. Dr. Th. Achelis in Bremen. Nr. 208.

Renaissance. Die Kultur d. Renaissance. Gesittung, Forschung, Dichtung von Dr. Robert F. Arnold, Privatdoz. an der Univ. Wien. Nr. 189.

Roman. Geschichte d. deutschen Romans von Dr. Hellmuth Mielke. Nr. 229.

Russisch-Deutsches Gesprächsbuch von Dr. Erich Berneker, Prof. an der Univers. Prag. Nr. 68.

Russisches Lesebuch mit Glossar von Dr. Erich Berneker, Prof. an der Univers. Prag. Nr. 67.

— — siehe auch: Grammatik.

Sachs, Hans. Ausgewählt und erläutert von Prof. Dr. Julius Sahr. Nr. 24.

Säugetiere. Das Tierreich I: Säugetiere von Oberstudienrat Prof. Dr. Kurt Lampert, Vorsteher des Kgl. Naturalienkabinetts in Stuttgart. Mit 15 Abbild. Nr. 282.

Schattenkonstruktionen v. Prof. J. Vonderlinn in Münster. Mit 114 Fig. Nr. 236.

Schmarotzer u. Schmarotzertum in der Tierwelt. Erste Einführung in die tierische Schmarotzerkunde v. Dr. Franz v. Wagner, a. o. Prof. a. d. Univers. Graz. Mit 67 Abbild. Nr. 151.

Schule, Die deutsche, im Auslande, von Hans Amrhein in Halle a. S. Nr. 259.

Schulpraxis. Methodik der Volksschule von Dr. R. Seyfert, Seminaroberlehrer in Annaberg. Nr. 50.

Seifenfabrikation, Die, die Seifenanalyse und die Kerzenfabrikation von Dr. Karl Braun in Berlin. (Die Fette und Öle II.) Mit 25 Abbild. Nr. 336.

Simplicius Simplicissimus von Hans Jakob Christoffel v. Grimmelshausen. In Auswahl herausgeg. von Prof. Dr. F. Bobertag, Dozent an der Univers. Breslau. Nr. 138.

Soziologie von Prof. Dr. Thomas Achelis in Bremen. Nr. 101.

Sammlung Göschen

Je in elegantem Leinwandband **80 Pf.**

G. J. Göschen'sche Verlagshandlung, Leipzig.

Spitzenfabrikation s. Textil-Industrie II: Weberei, Wirkerei, Posamentiererei, Spitzen- und Gardinenfabrikation und Filzfabrikation von Prof. Max Gürtler, Direktor der Kgl. Techn. Zentralstelle für Textil-Industrie zu Berlin. Mit 27 Fig. Nr. 185.

Sprachdenkmäler, Gotische, mit Grammatik, Übersetzung und Erläuterungen v. Dr. Herm. Jantzen, Direktor der Königin Luise-Schule in Königsberg i. Pr. Nr. 79.

Sprachwissenschaft, Germanische, v. Dr. Rich. Loewe in Berlin. Nr. 238.

— **Indogermanische,** v. Dr. R. Meringer, Prof. a. d. Univ. Graz. Mit einer Taf. Nr. 59.

— **Romanische,** von Dr. Adolf Zauner, Privatdozent an der Univers. Wien. I: Lautlehre u. Wortlehre I. Nr. 128.

— — II: Wortlehre II u. Syntax. Nr. 250.

— **Semitische,** von Dr. C. Brockelmann, Prof. an der Univers. Königsberg. Nr. 291.

Staatsrecht, Preußisches, von Dr. Fritz Stier-Somlo, Prof. an der Univers. Bonn. 2 Teile. Nr. 298 u. 299.

Stammeskunde, Deutsche, von Dr. Rudolf Much, a. o. Prof. an der Univers. Wien. Mit 2 Karten und 2 Taf. Nr. 126.

Statik, I. Teil: Die Grundlehren der Statik starrer Körper v. W. Hauber, Diplom.-Ing. Mit 82 Fig. Nr. 178.

— II. Teil: Angewandte Statik. Mit 61 Fig. Nr. 179.

Stenographie nach dem System von F. X. Gabelsberger von Dr. Albert Schramm, Mitglied des Kgl. Stenogr. Instituts Dresden. Nr. 246.

— Lehrbuch der Vereinfachten Deutschen Stenographie (Einig.-System Stolze-Schrey) nebst Schlüssel, Lesestücken u. einem Anhang v. Dr. Amsel, Oberlehrer des Kadettenhauses Oranienstein. Nr. 86.

Stereochemie von Dr. E. Wedekind, Prof. an der Univers. Tübingen. Mit 34 Abbild. Nr. 201.

Stereometrie von Dr. R. Glaser in Stuttgart. Mit 44 Fig. Nr. 97.

Stilkunde von Karl Otto Hartmann, Gewerbeschulvorstand in Lahr. Mit 7 Vollbildern und 195 Text-Illustrationen. Nr. 80.

Technologie, Allgemeine chemische, von Dr. Gust. Rauter in Charlottenburg. Nr. 113.

— **Mechanische,** von Geh. Hofrat Prof. A. Lüdicke i. Braunschweig. Nr. 340/41.

Teerfarbstoffe, Die, mit besonderer Berücksichtigung der synthetischen Methoden von Dr. Hans Bucherer, Prof. an der Kgl. Techn. Hochschule Dresden. Nr. 214.

Telegraphie, Die elektrische, von Dr. Lud. Rellstab. M. 19 Fig. Nr. 172.

Testament. Die Entstehung des Alten Testaments von Lic. Dr. W. Staerk in Jena. Nr. 272.

— Die Entstehung des Neuen Testaments von Prof. Lic. Dr. Carl Clemen in Bonn. Nr. 285.

— **Neutestamentliche Zeitgeschichte** I: Der historische und kulturgeschichtliche Hintergrund des Urchristentums von Lic. Dr. W. Staerk, Privatdoz. in Jena. Mit 3 Karten. Nr. 325.

— — II: Die Religion des Judentums im Zeitalter des Hellenismus und der Römerherrschaft. Mit einer Planskizze. Nr. 326.

Textil-Industrie II: Weberei, Wirkerei, Posamentiererei, Spitzen- und Gardinenfabrikation und Filzfabrikation von Prof. Max Gürtler, Dir. der Königlichen Techn. Zentralstelle für Textil-Industrie zu Berlin. Mit 27 Fig. Nr. 185.

— III: Wäscherei, Bleicherei, Färberei und ihre Hilfsstoffe von Dr. Wilh. Massot, Lehrer an der Preuß. höh. Fachschule für Textilindustrie in Krefeld. Mit 28 Fig. Nr. 186.

Thermodynamik (Technische Wärmelehre) von K. Walther und M. Röttinger, Dipl.-Ingenieuren. Mit 54 Fig. Nr. 242.

Sammlung Göschen Je in elegantem Leinwandband 80 Pf.

G. J. Göschen'sche Verlagshandlung, Leipzig.

Tierbiologie I: Entstehung und Weiterbildung der Tierwelt, Beziehungen zur organischen Natur von Dr. Heinrich Simroth, Prof. an der Univers. Leipzig. Mit 33 Abbild. Nr. 131.

— II: Beziehungen der Tiere zur organischen Natur von Dr. Heinrich Simroth, Prof. an der Univers. Leipzig. Mit 35 Abbild. Nr. 132.

Tiergeographie von Dr. Arnold Jacobi, Prof. der Zoologie an der Kgl. Forstakademie zu Tharandt. Mit 2 Karten. Nr. 218.

Tierkunde v. Dr. Franz v. Wagner, Prof. an der Univers. Graz. Mit 78 Abbild. Nr. 60.

Tierreich, Das, I: Säugetiere von Oberstudienrat Prof. Dr. Kurt Lampert, Vorsteher des Kgl. Naturalienkabinetts in Stuttgart. Mit 15 Abbild. Nr. 282.

Tierzuchtlehre, Allgemeine u. spezielle, v. Dr. Paul Rippert in Berlin. Nr. 228.

Trigonometrie, Ebene und sphärische, von Dr. Gerh. Hessenberg, Privatdoz. an der Techn. Hochschule in Berlin. Mit 70 Fig. Nr. 99.

Unterrichtswesen, Das öffentliche, Deutschlands i. d. Gegenwart von Dr. Paul Stötzner, Gymnasialoberlehrer in Zwickau. Nr. 130.

— **Geschichte des deutschen Unterrichtswesens** von Prof. Dr. Friedrich Seiler, Direktor des Kgl. Gymnasiums zu Luckau. I. Teil: Von Anfang an bis zum Ende des 18. Jahrhunderts. Nr. 275.

— — II. Teil: Vom Beginn des 19. Jahrhunderts bis auf die Gegenwart. Nr. 276.

Urgeschichte der Menschheit v. Dr. Moriz Hoernes, Prof. an der Univ. Wien. Mit 53 Abbild. Nr. 42.

Urheberrecht, Das deutsche, an literarischen, künstlerischen und gewerblichen Schöpfungen, mit besonderer Berücksichtigung der internationalen Verträge von Dr. Gustav Rauter, Patentanwalt in Charlottenburg. Nr. 263.

Versicherungsmathematik von Dr. Alfred Loewy, Prof. an der Univ. Freiburg i. B. Nr. 180.

Versicherungswesen, Das, von Dr. iur. Paul Moldenhauer, Dozent der Versicherungswissenschaft an der Handelshochschule Köln. Nr. 262.

Völkerkunde von Dr. Michael Haberlandt, k. u. k. Kustos der ethnogr. Sammlung des naturhistor. Hofmuseums u. Privatdoz. an d. Univers. Wien. Mit 56 Abbild. Nr. 73.

Volksbibliotheken (Bücher- u. Lesehallen), ihre Einrichtung und Verwaltung von Emil Jaeschke, Stadtbibliothekar in Elberfeld. Nr. 332.

Volkslied, Das deutsche, ausgewählt und erläutert von Prof. Dr. Jul. Sahr. Nr. 25.

Volkswirtschaftslehre v. Dr. Carl Johs. Fuchs, Prof. an der Univers. Freiburg i. B. Nr. 133.

Volkswirtschaftspolitik von Präsident Dr. R. van der Borght in Berlin. Nr. 177.

Waltharilied, Das, im Versmaße der Urschrift übersetzt und erläutert von Prof. Dr. H. Althof, Oberlehrer a. Realgymnasium i. Weimar. Nr. 46

Walther von der Vogelweide mit Auswahl aus Minnesang u. Spruchdichtung. Mit Anmerkungen und einem Wörterbuch von Otto Güntter, Prof. a. d. Oberrealschule und a. d. Techn. Hochsch. in Stuttgart. Nr. 23.

Warenkunde, von Dr. Karl Hassack, Professor an der Wiener Handelsakademie. I. Teil: Unorganische Waren. Mit 40 Abbild. Nr. 222.

— II. Teil: Organische Waren. Mit 36 Abbild. Nr. 223.

Wärme. Theoretische Physik II. Teil: Licht und Wärme. Von Dr. Gustav Jäger, Prof. an der Univers. Wien. Mit 47 Abbild. Nr. 77.

Wärmelehre, Technische, (Thermodynamik) von K. Walther u. M. Röttinger, Dipl.-Ingenieure. Mit 54 Fig. Nr. 242.

FSC
www.fsc.org
MIX
Papier | Fördert gute Waldnutzung
FSC® C083411

Kolibri 360 GmbH
Ferdinand-Jühlke-Straße 7
99095 Erfurt, Deutschland
produktsicherheit@kolibri360.de